自治体の
土木担当
になったら読む本

橋本 隆［著］

学陽書房

はじめに

本書を手にとっていただいた皆さんの多くは、土木担当になって間もない人や土木の実務を学んでみたい人かと思います。

おそらく皆さんは、**土木に対して、地図に残る仕事という壮大さや魅力を感じる一方で、何から実務のノウハウを学ぶべきかわからないという大きな悩みを持っている**のではないでしょうか。

道路や河川等の土木を専門的に学んできた人は、決して多くないと思います。入庁を機に、その地域に移り住むことになったため、土地勘がなく、町名すらわからない人もいるでしょう。また、近年では職場でのコミュニケーションが減り、気軽に上司や同僚から実務のノウハウを教わる機会がないという人もいるかもしれません。

このような状況の中、土木担当になったばかりで不安を抱いている人から、私はよくこんな質問を受けます。

「土木を学んだことのない私が設計を理解できるようになりますか？」
「地権者との交渉を上手に進めるためにはどうしたらよいですか？」
「生活道路の整備事業について何から学んだらよいのでしょうか？」

これらの質問に対して私は、「**最初はわからなくて当たり前です。全く問題ありません**」と答えています。なぜなら、これらの疑問は、私を含め土木担当になった多くの人が最初に思うことだからです。私も、執務室にある膨大な数の専門書を見て、何から読めばよいか途方に暮れてしまったこともありました。

しかし、よく考えてみると、私たちが朝起きてから夜寝るまで、土木と無縁な時間はほとんどなく、土木は常に私たちの生活と密接に関係しています。**私たちが外出時に見る景色の中には、土木担当の努力の成果が無数に広がっている**のです。河川敷を散歩すれば、水と緑の風景を楽しむことができるでしょう。車で通勤すれば、道路や橋梁（きょうりょう）を利用し、電車で通勤すれば、鉄道を利用するでしょう。長期休暇には高速道路を利用して観光地を目指したり、空港から海外へ旅立つこともあるでしょう。

これらは、土木担当がさまざまな社会資本を整備・管理してきた成果の一部であり、その成果を多くの人が日常的に利用しています。少しだけ見方を変えれば、**土木は私たちにとって身近なものであり、私たちは知らず知らずのうちに土木を日々学んでいる**のです。

一方で、土木担当の職場に目を向ければ、技術系と事務系の職員が一丸となって働いているという大きな特徴があります。また昨今では、再任用や会計年度任用の職員にも、活躍の場が広がってきています。これらの各職員が培ってきたキャリアは全く異なるでしょうし、お互いの得意分野にも大きな差があるかと思います。

このような職場では、各職員の特徴を最大限に活かして、お互いに学び合いながら目標を達成することができる大きな充実感があります。社会資本の整備・管理の実務においては、**さまざまな知識や経験を活かすことが重要であり、各職員にとってもお互いに学び合うことで知識や経験に深みが増す**のです。

本書は、土木担当になった人ならば一度は感じてきた疑問や課題の解決に役立つ実務的なノウハウをたくさん盛り込みました。

より専門的な理解を深めたい人には、巻末に参考文献・ブックガイドを掲載しましたので、ぜひそちらの専門的な書籍等もご覧いただければと思います。

皆さんが担当する**土木は、地域の社会資本を整備・管理し、安全で安心な環境を守るという、大きなやりがいを感じることができる実務**に満ちています。本書が、皆さんにとって心強い「**実務の味方**」になれば幸いです。

令和７年３月

橋本　隆

第3章 社会資本整備事業のポイント

第4章 道路管理のポイント

第5章 河川管理のポイント

第6章 土木担当の仕事術

凡　例

〈法令名の略記〉

本書の内容現在は、原則として令和６年４月１日です。

本文や図表で法令条文を引用する場合、下記のとおり略記しています。

例）道路法第42条第１項　→　道路法42条１項

また、法令条文中、重要な箇所について強調（太字）にしていることがあります（全て著者による）。

第1章

土木担当の仕事へようこそ

1 ◎…土木担当の仕事って？

▷▷土木担当の仕事とは

土木担当の部署の名称は、自治体によって違いがあります。土木の名称を用いた「土木課」のほか、「建設課」等があります。さらに、道路を担当する「道路整備課」や「道路管理課」、河川を担当する「河川課」や「治水(ちすい)課」等の名称を聞いたこともあるかと思います。

このように、自治体によって部署の名称が異なることから、土木担当の事務分掌も異なります。これは、各自治体の事務量や職員数のほか、窓口の一元化等も総合的に判断して事務を分掌していることによります。いずれにしても土木担当は、図表1のような社会資本の整備・管理に携わり、多くの知識や経験を習得することになります。

そこでまず、土木担当にとって重要な5つの仕事の概要をお伝えします。本書では、これらを各章に割り振ってノウハウを紹介しますが、まずは、**①土木の基本**、**②社会資本整備事業**、**③道路管理**、**④河川管理**、**⑤土木担当の仕事術**について、概要を順に説明しましょう。

▷▷土木の基本（第2章）

図表1の中でも、土木担当が主に携わるのは、市町村が管理する生活に密着した**道路や河川等**です。具体的には、道路は**市町村道**、河川は**普通河川**や**準用河川**を整備・管理することになります。このため、本書では、主に道路や河川に関する実務のポイントを解説しますが、まずは第2章の**土木の基本**から読み進めてみましょう。あらかじめ土木の基本を知っておくと、実務のポイントが理解しやすくなるからです。

図表1　主な社会資本のイメージ

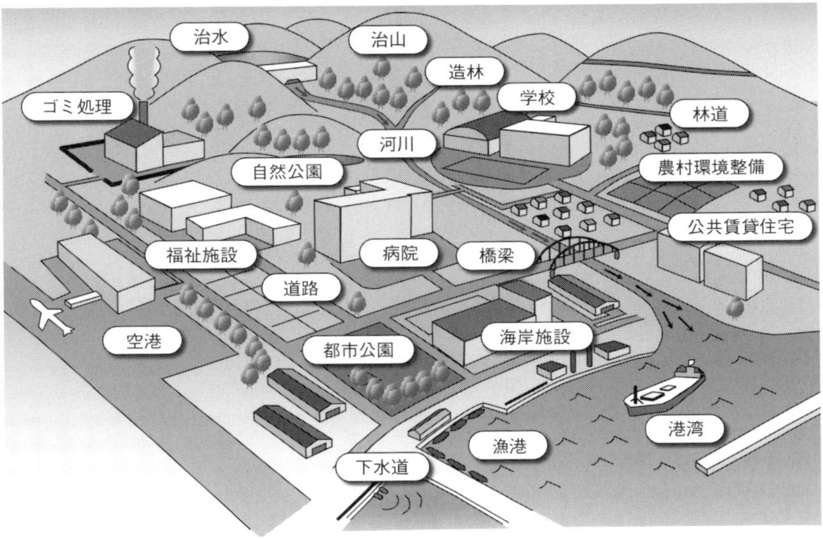

出典：岩手県資料をもとに作成

また、同章では、**人工公物と自然公物の違い**や**法定外公共物の種類**を解説します。これらの内容は、どんな部署に配置されても通用する土木の基本になりますので、ぜひ身につけておきましょう。

なお、図表1の道路や河川以外の仕事については、拙書『自治体の都市計画担当になったら読む本』（学陽書房）をご覧いただければ、より理解が深まります。

▶▶社会資本整備事業（第3章）

土木担当の重要な仕事の中には、道路や河川等の**社会資本整備事業**がありますが、これらを所管する部署は自治体によってさまざまです。例えば、図表2は、土木担当の行政組織機構図の一例として、群馬県伊勢崎市の例を示しています。

建設部では、主に道路整備課が道路の整備、道路管理課が道路の管理、治水課が河川の整備・管理を所管しています。全国の自治体によっては、これらを１つの課（土木課等）が所管していることもあります。

社会資本整備事業の実務を理解するには、事業の開始から終了までの流れを一通り経験し、全体像をつかむことが大切です。しかし、そのためには多くの時間が必要です。そこで、第３章では、多くの土木担当が経験することとなる**生活道路整備事業**を具体例に、各工程の実務について順を追って解説します。

図表２　土木担当の行政組織機構図の一例

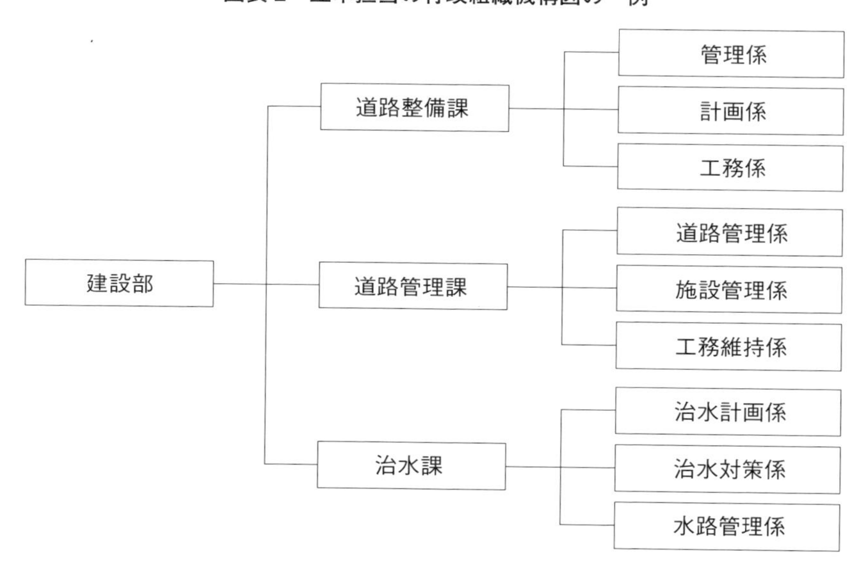

▶▶道路管理（第4章）

道路管理の実務では、**市町村道**の道路管理者として、道路の認定から廃止までの事務を担当し、道路利用者の安全を確保する大事な役割を担います。そこで第４章では、路線の認定、占用の許可や維持管理等の実務について解説します。道路には、河川の横断部等で**橋梁**となる範囲が生じるため、**橋梁**に関する基本的な内容についても解説します。

▶▶河川管理（第5章）

河川管理の実務では、**普通河川**や**準用河川**の管理者として、整備・管理を担当します。これらの河川・水路は、必ずしも規模は大きくないものの、非常に広範囲に広がっており、その構造も多様です。このため第5章では、河川法に基づく許可事務をはじめ、さまざまな河川・水路の実務のポイントを解説します。また、近年では、気候変動に伴う水害対策の重要性が高まってきているため、**流域治水**の概要についても解説します。

▶▶土木担当の仕事術（第6章）

土木担当の仕事を進める上では、担当する地域の**地名**はもとより、**法令遵守**や**災害対応**の心得等を理解しておくことも非常に重要です。さらに、議会対応に向けた資料作成の実務ノウハウを知ることで、事業をわかりやすく説明するためのポイントを抑えることができます。第6章では、こうした**土木担当の効率的な実務に直結し、実務能力が向上する仕事術**を解説します。より多くの仕事術を学びたい方は、拙書『これだけは知っておきたい！　技術系公務員の教科書』（学陽書房）をご覧いただければ、より理解が深まります。

▶▶心配いりません！

このように土木担当の仕事は、とても幅広い内容になります。また、①から⑤までの仕事については、それぞれ奥が深いため、本書で概要を把握した上で、他の書籍に目を通したり、先輩職員等にアドバイスをもらったりするとよいでしょう。

まずは本書に目を通していただき、全体を理解してから個々の内容を深く理解することをお勧めします。これをコツコツと繰り返すことにより、皆さんもいつの間にか「頼れる土木担当」になることができるでしょう。

1 2 ◎…土木担当の1年

▷▷土木担当の1年

土木担当が行う仕事は、毎年同じ内容とは限りません。特に、生活道路の道路改良工事等は、調査・設計から工事完了まで約２～３年で終了するため、主な工事が毎年変わってしまいます。

新規に制定する条例や規則があれば､それも大きな仕事になりますし、顧問弁護士に相談しなければ解決できない困難な案件を担当することもあるでしょう。

予期せぬ仕事にも柔軟に対応していくためには、ある程度の**年間スケジュール**を見通して仕事を進めることが大切です。その際には、①**定例業務**、②**非定例業務**、③**議会対応**の３つを考えてみるとよいでしょう。

皆さんが土木担当の部署に配属されたら、これらの３つをできるだけ早く把握し､土木担当の１年の全体像を捉えてみてください。ここでは、ある土木担当の１年間を眺めてみることにしましょう。

▷▷4～6月

①**定例業務**では、新年度に予算措置された契約事務を速やかに執行します。各種の委託業務の中には、測量や設計だけでなく、通年で委託する道路・河川用地の除草業務があるでしょう。管理施設等の点検業務や風水害等の災害対策業務を委託していることもあります。

社会資本整備総合交付金等の国庫補助金の交付申請を行っていた場合には、この時期に交付決定があるため、これに合わせた予算執行を行います。また、早期に発注しておきたい工事については、年度当初から設計書の作成にとりかかり、早めの入札期限に間に合うよう準備します。前年度から繰り越している工事については、工程をよく確認しながら工期内での完了を目指します。

年間の工事発注の平準化を図るために債務負担行為（ゼロ市債）の工事を計画していた場合には、4月早々から工事開始となりますので、人事異動等による監督員の変更も忘れてはなりません。

前年度分の予算については、4月1日から5月31日までの出納整理期間に支出が完了するよう執行を管理します。仮決算の確認作業も始まるので、併せて確認するとよいでしょう。

次に②**非定例業務**の代表的なものとしては、本格的な**出水期**（しゅっすいき）**（6月から10月まで）**を迎える前に開催される、治水に係る関係課との意見調整会議があります。もしも河川管理を担当することになったら、早めに国や県の関係機関や庁内の危機管理担当、農業用水路担当、下水道担当、消防本部等へ顔合わせの挨拶に行っておくとよいでしょう。

6月以降の出水期には、農業用水路からの排水や梅雨入りによって河川の水位が上がるため、ゲリラ豪雨時には水路の溢水（いっすい）や道路の冠水に関する苦情対応が増えます。こうした苦情対応が円滑に進むよう、関係各課との情報共有や連携を深めるとともに、緊急時にはお互いに応援や動員で助け合い、臨機応変に対応できるように心掛けましょう。

また、年度当初には、複数の自治体で構成される道路や河川関係の協議会事務があります。幹事会や総会等が開催されることになるため、出席する首長や上司等の日程調整を図ります。

③**議会対応**では、6月議会が開催されますので、条例制定等の議案があれば、年度当初から早めに庁内調整をしておきましょう。

▶▶7～9月

①**定例業務**では、国土交通省による都市計画現況調査が行われます。これは、全国の都市計画に関する現況を把握することを目的として、都市計画道路整備状況等の回答を依頼されるものです。この調査結果については、国土交通省ウェブサイトに公表され、データをダウンロードす

ることができます。

またこの時期は、新年度予算要求に先立って、総合計画実施計画の見直しを行う時期になります。今後、数年間に見込まれる事業の予算等を整理し、企画・財政部門等からのヒアリングを受けます。要求漏れのないよう、しっかりと事業費を計上する必要があります。

１年の中では最も猛暑日が多い時期になりますので、職場内だけでなく担当する工事の現場代理人等にも、現場での熱中症予防に対する十分な注意を呼びかけます。

②**非定例業務**では、台風シーズンに突入することから、工事現場だけでなく、市内の風水害対策の備えに万全を期します。近年では、ゲリラ豪雨、線状降水帯、突風や竜巻等による被害も発生することがあることから、速やかな対応を図るために夜間や休日の連絡・動員体制も十分に確認しておく必要があります。

また、道路や河川関係の協議会事務においては、必要に応じて法改正や予算等についての要望活動が行われます。

③**議会対応**では、９月議会に向けて、補正予算要求等の準備をしておきましょう。管理職には、決算特別委員会の対応があるため、土木担当は昨年度に実施した事業に係る資料準備も早めに行う必要があります。

▶▶10～12月

①**定例業務**では、新年度予算要求が始まります。来年度の事業内容を精査した上で、予算要求書の作成を行います。総合計画実施計画の見直し結果を踏まえて、各部局の上限枠が定められている場合には、その上限枠の範囲で予算計上することになります。

新年度予算の関係では、国庫補助金の新年度予算要望が始まるほか、都道府県知事への要望活動が行われる時期になります。必要に応じて、都道府県の補助制度や予算等についての要望活動も行われます。

②**非定例業務**では、この時期は**渇水期**（かっすいき）**（11月から５月まで）**に入り河川の水位が低くなることから、本格的な橋梁補修工事や橋梁点検が実施されることになります。この橋梁補修工事は、新規整備ではなく既存

施設の補修という特徴があります。このため、橋長が長い場合や着工後に予想以上の劣化が認められる場合等には、工期延長が必要になることがあります。こうした危険を予知しながら、現場代理人と情報共有を行い工事の進捗を図りますが、やむを得ず年度内の工事完成が困難と判断される場合には、早めに上司や先輩と繰越明許の事務を進めるための相談をしておきましょう。

③**議会対応**では、12月議会で行う補正予算要求等の準備をしておきましょう。この要求に際しては、来年度予算の債務負担行為（ゼロ市債）の発注内容も含まれますので、予算要求資料の準備をしておきましょう。

▶▶1～3月

①**定例業務**では、新年度予算内示があるため、早めに新年度発注業務の準備等にとりかかります。関係部署との調整が必要な新年度業務が予測される場合には、この時期にあらかじめ根回しをしておくとよいでしょう。国庫補助金による事業については、完了実績を報告します。また、来年度予算の債務負担行為（ゼロ市債）による事業がある場合には、その契約事務を進め、4月からの工事着手に備えます。

年明けのこの時期は、1年間を振り返りながら、万が一に備えて人事異動の引継書を準備する時期でもあります。人事異動内示が出てから引継書を準備する人もいますが、年度末には工事完成検査等の業務が集中してしまうことから、できるだけ早めに準備を始めましょう。

②**非定例業務**では、当該年度に完了することができず、繰越しとなる業務（工事、補償、委託等）がある場合には、繰越しの手続を漏れなく行います。

③**議会対応**では、3月議会での補正予算要求等の準備のほか、管理職には、予算特別委員会の対応があります。このため、土木担当は新年度に実施する事業に係る資料準備も早めに行う必要があります。

1 3 ◎…土木担当必読の書

▶▶総合計画

皆さんが所属している自治体が策定した**総合計画**の内容を理解しておくことはとても重要です。特に土木担当の事業は予算規模が大きいものが多く、総合計画に重点的な政策として位置付けられていることもあるでしょう。このため、まずは皆さんが担当する事業が、総合計画の中でどのような位置付けをされているのか確認しておきましょう。例えば、**生活道路整備事業**であれば**都市基盤分野の政策**の中に位置付けがあり、**現状や課題**だけでなく**基本方針等**が示されていると思います。

こうした自治体としての基本方針を理解した上で、土木担当の仕事の意義を考えながら、事業を着実に進めていくことが重要になります。

▶▶都市計画マスタープラン

都市計画マスタープランには、**将来都市構造図**やこれを踏まえた**土地利用方針図**という全体の方針だけでなく、より地域を限定した**地域別方針図**が示されています。土木担当の事業が、将来都市構造図、土地利用方針図、地域別方針図の中のどこに位置しているのか理解しておくと、事業の位置付けやその重要性を理解できます。また、事業の重要性を説明する際の説得力が増すことにもつながります。

さらに、皆さんの自治体で都市計画マスタープランの関連計画である**立地適正化計画**や**景観計画**を策定済みの場合には、これらの関連計画にも目を通しておきましょう。

▶▶国土強靭化地域計画

国土強靭化地域計画は、災害に強いまちづくりを進めるため、自然災害を見据えた平常時の取組みを位置付けている計画です。この計画には、過去の災害による被害等が示されており、さまざまなリスクを想定した上での強靭化の基本的な考え方や対応方策等が定められています。土木担当は、主に社会資本の整備・管理に係る対応方策を確認しておきましょう。また、**緊急輸送道路**や**重要業績指標（KPI）**が示されていることもあるため確認しておくとよいでしょう。

▶▶都市計画図等の図面

土木担当の皆さんは、**都市計画図**（図表3）等の図面に目を通しておきましょう。皆さんは、窓口や電話で道路等に関する問合せを受けることになりますので、各種の図面を机の中にしまっておき、いつでも見ることができるようにしておきましょう。

例えば都市計画図には、着色された用途地域、都市計画道路や都市計画公園等が示されています。用途地域の関連内容として、建蔽率や容積率も示されているでしょう。都市計画図等の図面は、多様な情報を一目で理解できるため、ぜひ手元に置いておきましょう。

図表3　都市計画図の一例

（全体）　　（伊勢崎駅周辺の拡大）

▶▶ウェブサイト公表資料

皆さんが人事異動内示を受けて土木担当になることが決定したら、その部署が公表している**ウェブサイトの公表資料**にも目を通しておきましょう。多くの場合、窓口事務の案内のほか、各種の申請様式や公共物の使用許可を得る際の使用料等が公表されているかと思います。

これらをあらかじめ下調べしておくことによって、前任者からの事務引継ぎの内容を理解しやすくなり、異動後の実務をイメージしやすくなります。人事異動が内示されたら、その異動日を待たず早めに準備しておくことで、着任後に余裕を持って仕事ができるようになるでしょう。

▶▶所管例規

皆さんは、土木担当の部署が所管している**例規（条例、規則、要綱等）**がいくつあるか知っていますか？　もし、まだ知らないようであれば、上司や先輩に相談して、全ての所管例規を教えてもらうとよいでしょう。

自治体の事務の根拠は、法令のほか、所管する例規に規定されています。罰則付きの制限や公共物の使用料に係る条例及び規則等が代表的なものです。

例えば、窓口や電話の問合せで「なぜこのような許可を得る必要があるのですか？」とか、「私は何を根拠にこのような使用料を支払うのでしょうか？」などの質問を受けた際に説明責任を果たす意味でも、まずは所管例規をしっかり読んで理解しておくことが重要になります。

最初は、理解しにくい条文もあるかと思いますが、問い合わせの度に読み返すことで、すぐに記憶がよみがえるようになります。

▶▶予算書

土木担当の部署に着任したら、係長から今年度の**予算書**の写しをもらいましょう。この予算書を見ることで、今年度に処理しなければならない事務の概要を知ることができます。

例えば、生活道路整備事業を実施している自治体のケースを考えます。この事業の測量業務を委託する場合、**測量業務委託料**が予算計上されています。また、設計のための**設計業務委託料**、道路用地取得のための**土地購入費**や**物件移転補償費**、工事発注のための**工事費等**も予算計上されていることが多いでしょう。

予算書に記載されている内容を把握できれば、前任者からの引継書と見比べながら、「なるほど、○月頃にこの予算を執行して仕事をするのか」という明確なイメージを持つことができます。また、予算の不足が予測できた段階で、早めに増額のための補正予算の準備ができるでしょう。

係長になれば、必ず予算の作成に携わることになります。土木担当になった段階で早めに予算書に目を通し、予算を把握する練習をしておきましょう。

▶▶議会会議録

土木担当の仕事は、一般に予算規模が大きく、多くの人の日常生活に影響が及ぶこともあるため、議会議員、地元区長、住民、事業者をはじめとした関係者から質問を受けることがあります。

質問の内容は、ここ数年間の内容だけではなく、数十年前に遡った内容であることもあります。社会資本整備事業は多くの時間を要したり、過去の経緯が重要であったりするためです。予算の都合上、なかなか開始されない事業や反対者がいるため順調に進捗しない事業もあるかもしれません。

このような質問にも的確に答えるためには、過去の**議会会議録**に目を通しておくとよいでしょう。近年では、ウェブサイト内で公開している自治体も多いので、これを利用して**想定問答集**を作成しておくことをお勧めします。少なくとも過去５年分くらいの議会会議録には目を通し、懸案事項等の議会答弁を把握した上で対応するように心掛けるとよいでしょう。

1 4 ◎…土木担当に欠かせない3つの力

▷▷3つの力

土木担当に必要な「力」とは何でしょうか。

最も重要な力として、ここでは①**発想力**、②**現場力**、③**調整力**の３つを挙げておきます。

土木担当は、各現場の最新状況を把握しながら、さまざまな社会ニーズに応えられるように事業を推進しています。また、更新を迎える多くの社会資本の維持管理が課題となる中、長期的な視野に立った**長寿命化修繕計画**の策定も求められます。このような背景から、土木担当の仕事は、短期から長期までの視点が不可欠となる非常に重要な仕事といえるでしょう。

こうした役割を担う土木担当の仕事は、自治体が取り組む事務の中でも特に重要であり、その成否が自治体の将来の発展を大きく左右します。そのため、大きな責任感が求められると同時に、社会全体に貢献しているというやりがいを感じられる仕事でもあります。

▷▷発想力

まず最初に挙げるのが「発想力」です。

土木は「築土構木」が語源とされ、その言葉のとおり「土を築き、木を構えて」さまざまな社会資本を整備・管理する仕事ですが、現在だけでなく、将来のまちの姿も発想した上で仕事を行うことが求められます。

土木担当の仕事を進める上では、担当している現場や苦情の対応等に追われ、なかなか柔軟な発想力を活かして考える余裕はないかもしれません。しかし、ここで大切なことは、少しでも時間を見つけて、他自治体や他部署の仕事に目を向けて、**発想するヒントを得ること**です。国や都道府県の最新情報をインターネット等で閲覧しておくのもよいでしょう。

土木は、専門分野の範囲が広いことから、さまざまな技術や工法にも**アンテナを張ること**を意識しながら、**視野を広げておくこと**が重要です。皆さんが、いきなり前例のない重要な事業の担当者に抜擢される日が来るかもしれません。ぜひ、土木という幅広い専門分野を駆使して、事業を成功に導くための柔軟な発想力を身につけておきましょう。

▶▶現場力

次に挙げるのが「現場力」です。

皆さんが土木の実務を進める中では、数多くの現場を知ることになります。そして、さまざまな現場を知ることによって、現場のトラブルを回避するための目利きができるようになっていくことでしょう。

土木担当は、**まちをつくり、まちを守る第一線で活躍**しています。このため、現場を見たときに危険や困難を察知する現場力を身につけることはとても重要なのです。全ての現場は唯一無二であり、各現場の対応はオーダーメイドのようにならざるを得ませんが、各現場に共通する**危険予知すべき要所**は、ある程度見抜くことができます。

例えば「現場周辺は住宅地なので、振動・騒音・粉塵（ふんじん）には要注意だ」「危険箇所に交通誘導警備員の配置が必要になるだろう」「通学路だから児童の夏休み期間中に工事が完成するように発注しよう」などです。

このため、土木担当は１つでも多くの現場を実際に見に行き、できれば先輩や同僚から**その現場で苦労したことや失敗談等**を聞いておくとよいでしょう。そして、先輩や同僚から「実はこうすればよかった」「次回はこうしたい」「これだけはやめておいたほうがよい」などの本音も聞いておきましょう。

土木担当の実務の秘訣の多くは、執務室ではなく現場にあります。そして、実務の秘訣をたくさん知ることが、現場の目利きである現場力につながります。

そして、皆さんが実務を通して経験したことを後輩に伝えることも大切にしてほしいです。土木担当の職場では、**職員がお互いに経験をシェアすること**により、現場力の向上が加速するのです。

▶▶調整力

最後に挙げるのが「調整力」です。

土木担当は、現場のさまざまな問題を発見し、**多様な関係機関等との調整を図りながら問題を解決していく**必要があります。

例えば、道路整備事業では、庁内や庁外の関係機関をはじめ、電柱、上下水道、ガス管等の管理者との調整が不可欠になります。

測量や設計の業務では、建設コンサルタントに業務を委託することも多く、工事では受注した会社と知恵を出し合いながら現場の困難を克服する場面があるでしょう。工事開始後も、沿線の地権者からの要望や苦情に対応することはもちろん、近接する他の工事と搬入路を調整することもあるでしょう。

こうした対応の際には、ぜひ積極的に調整や交渉を担う役割を果たしてみましょう。もちろん本書をはじめとした書籍等で学ぶことも大切ですが、実際に自分で経験してみることによって、初めてわかることも多いのです。そうした貴重な経験の積み重ねが、必ず大きなスキルアップにつながります。

百聞は一見に如かず。ぜひ、調整役となる機会に恵まれた場合には、自分を成長させる機会でもあると思って、積極的に挑戦してみてください。上司や先輩も、一生懸命に頑張っている皆さんの活躍を応援してくれるに違いありません。

第2章

土木の基本

2 1 ◎…「土木」の目的

▷▷「土木」の意味

土木とは、広い意味で「土や木を用いた工事」と捉えられています。

日本には「土木法」という法律はなく、土木を定義している法令もありませんが、多くの辞典では、土木とは「土と木」や「土木工事」のことであることが記されています。

また、土木は英語でCivil Engineeringと表現されます。Civilとは「市民」や「文明」という意味ですので、土木とは「市民や文明のための工学」であると考えると、より深い意味を理解することができます。

▷▷土木の「目的」を知る

土木の目的は、社会資本の整備や管理を通じて、多くの人々の生活を支えるとともに、自然災害をはじめとしたさまざまな社会的課題を解決することです。

また、持続可能な発展を目指して、自然環境との調和を図ることも土木の重要な目的といえます。さらに、地震対策や治水対策等の防災技術の開発を通じて、人々の暮らしを災害から守ることも重要です。

このように、土木は多岐にわたる分野で社会の基盤を支え、地域の持続可能な発展に貢献しています。

こうした目的のもとで、土木担当は、主に図表4のような**道路、橋梁、河川等の社会資本を整備し、管理する**ことになります。土木担当のさまざまな実務の積み重ねが、快適で安全な生活環境や経済活動を支える基盤を築いているといえるでしょう。

図表４　土木担当が整備・管理する社会資本のイメージ

▶▶土木担当の「役割」を考える

土木担当は、**まちをつくり、まちを守る重要な役割**を担っています。そして、その実現に向けて、**多くの人々との連携を図る役割**も求められます。図表５のように工事の施工に携わる人々はもとより、設計した建設コンサルタント、沿線の地権者、地元区長等、**多くの人々の協力を得て成果を挙げるということが前提**になります。

皆さんが日々、さまざまな人との連携を図りながら社会資本を整備・管理することによって、子どもからお年寄りまで、あらゆる世代の人々の豊かな生活や暮らしが成り立っています。実務を行っていく中では、直接、喜びの声を聞くこともあるでしょう。

図表５　工事の施工に携わる人々

2｜2 ◎…よい構造物にはよい「地盤」が不可欠

▶▶地盤の「問題」を克服する

何事も、基礎となる土台がしっかりとしていなければ、安定を保つことはできません。**よい構造物の実現にも、よい地盤が不可欠**になります。

図表6を左側から見てみましょう。地盤が軟弱な粘性土（ねんせいど）の場合、構造物の重さによって**沈下**が生じます。また、軟弱な砂質土（さしつど）であれば地震時に**液状化**して噴砂（ふんさ）や沈下が生じてしまいます。さらに、切土（きりど）の掘削（くっさく）の深さや盛土（もりど）の高さによっては、円弧すべりのように法面（のりめん）等の斜面が崩壊する**安定**の問題が生じることがあります。

このため土木工事では、地盤の問題を克服するために地盤の掘削、置換、地盤改良等が行われます。ここでは**掘削工事**（図表7）の施工を見てみましょう。図表左側に示した丁張り（ちょうはり）とは、構造物の位置や高さを木杭や板で明示するためのものです。この丁張りを目安にしながらバックホウで掘削し、法面を整形することになります。バックホウは、ユンボとも呼ばれる主に掘削に使用する重機の一種で、オペレーターがバケット（ショベル）を操縦しながら施工を進めます。

図表6 「沈下」「液状化」「安定」の問題

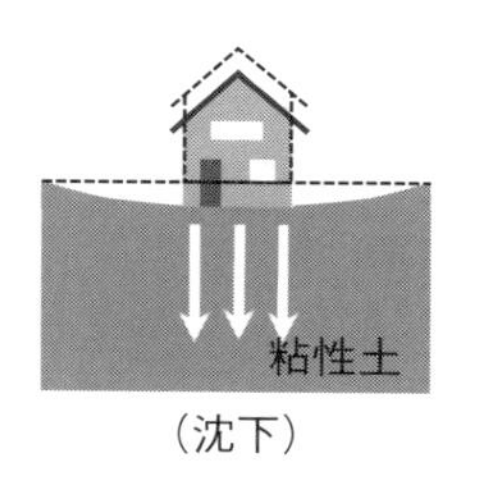

（沈下）

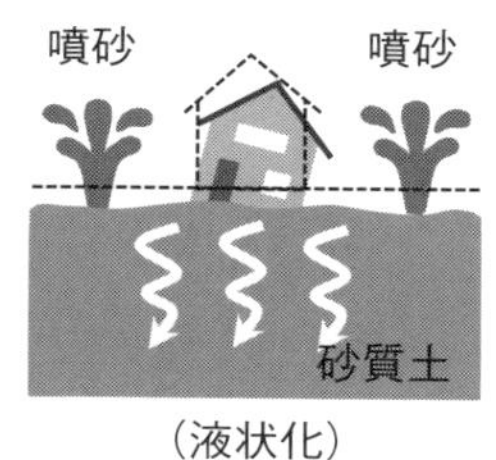

（液状化）

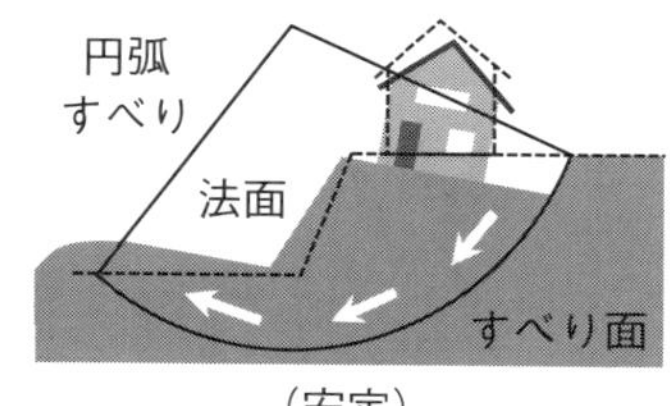

（安定）

図表7　掘削工事

▶▶「盛土」の予備知識

道路工事等では、図表8のように**盛土**を行い、地盤の高さを確保することがあります。この盛土の上部を天端といい、斜面のことを法面といいます。また、法面の上端を法肩、法面の下端を法尻といいます。

法面勾配は、縦と横の比が1対1の場合は「1割勾配」、1対2の場合は「2割勾配」、1対0.5の場合は「5分勾配」と呼びます。

図表8　盛土の名称と法面勾配の呼び方

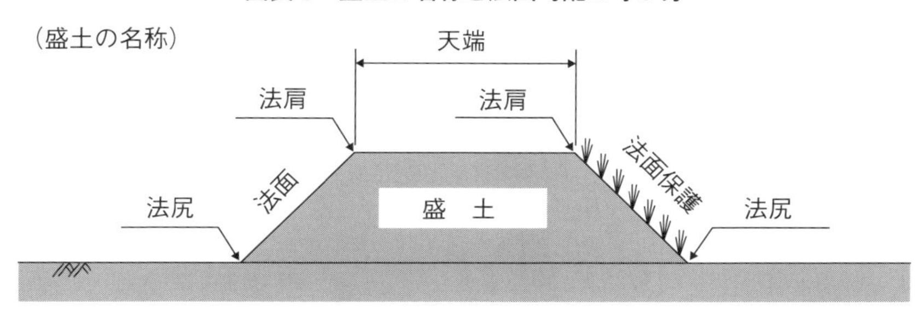

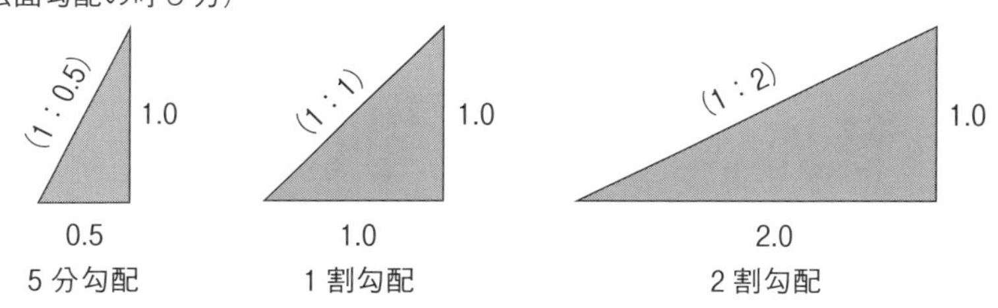

2-3 ◎…構造物の「材料」の特長を活かす

▶▶「特長」を活かしつつ総合的に判断する

土木工事では、使用する**材料の特長を活かすこと**が重要になります。

例えば、図表9の**橋梁架設工事**では、コンクリート橋ではなく鋼橋（こうきょう）にすることで**主桁（しゅげた）（交通荷重等を支える部分）の軽量化**を図っています。鋼橋は、一般に軽くて強度が高いという長所がありますが、錆が発生するため塗替え塗装が必要になるという短所もあります。設計の際には、その現場におけるコンクリート橋や鋼橋等の案の比較を行い、**総合的に優れた案を採用**します。

また、図表9の河川の護岸では、**間知（けんち）ブロック**というコンクリート製のブロックを積み上げることによって、護岸工事の施工性や経済性を向上させています。図表10のように間知ブロックを規則正しく積み上げながら、その裏側に胴込（どうご）めコンクリート等を充填することによって、強固な護岸を整備することができます。

図表9　橋梁架設工事

図表10　間知ブロックと間知ブロック積工

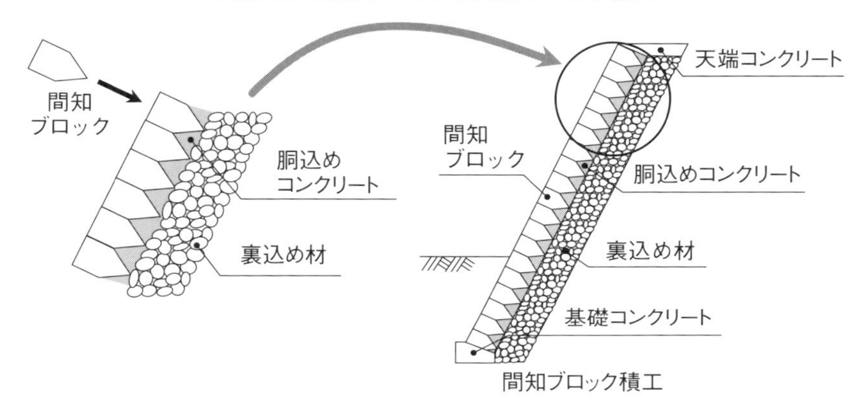

出典：群馬県資料をもとに作成

▶▶補修により材料の「長寿命化」を図る

材料の多くは、劣化等による**補修**が必要になります。図表11の工事では、橋梁の温度変化による伸び縮みを吸収する**伸縮装置**の補修を行っています。伸縮装置は、継ぎ目に設けた隙間部分のため、雨水の通り道になって劣化が進みやすく、補修が必要になることが多い部分です。

また、橋梁端部の地覆(じふく)に設置された**橋梁用防護柵**を補修し、橋梁からの転落を防止することも重要です。こうした橋梁の専門用語は数が多く、聞き慣れない用語が多いため、最初は戸惑うこともあります。でも大丈夫。後ほど第4章を読みながら覚えていきましょう。

図表11　橋梁補修工事

2 4 ◎…「道」は私たちの生活に深く関わり続ける

▶▶生活道路の「構成要素」を理解する

生活道路の構成要素（図表12）をよく見てみましょう。

道路の路面は、アスファルト舗装されており、左右の横断方向には図表13のような勾配があります。図表12の道路は、左側の**側溝**が最も低く、右側の**地先境界ブロック**（ちさき）が最も高くなっています。路面に降った雨水等は、この勾配によって左側の側溝へ排水されます。このように水が自然に流下することを**自然流下**（りゅうか）といいます。

また道路の**幅員**（ふくいん）は、一般に側溝から地先境界ブロックの外側までの範囲であり、道路内には車道の範囲を示す**車道外側線**（がいそく）が引かれています。

図表12　生活道路の構成要素

図表13　勾配のイメージ

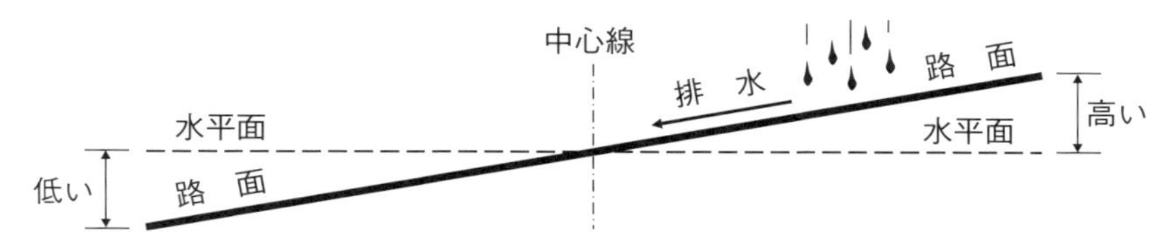

舗装の種類は、主に(1)**アスファルト舗装**と(2)**コンクリート舗装**があります（図表14）。(1)は、(2)よりも施工が早く、修繕も容易ですが、柔軟に変形して摩耗もしやすいです。逆に(2)は、変形・摩耗しにくいものの、施工が遅く、目地（めじ）（ひび割れを防止するための隙間）による振動・騒音が問題となることがあります。こうした特徴から、**(1)はたわみ性舗装、(2)は剛性舗装**と呼ばれています。

図表15は、**アスファルト舗装前の生活道路の状況**を示しています。アスファルトの下部には、図表14の(1)のように砕石（さいせき）を締め固めた上層路盤や下層路盤という路盤を施工します。これらは、表層や基層からの荷重を分散させ、振動や衝撃を吸収する役割を果たします。

図表14　主な舗装の種類

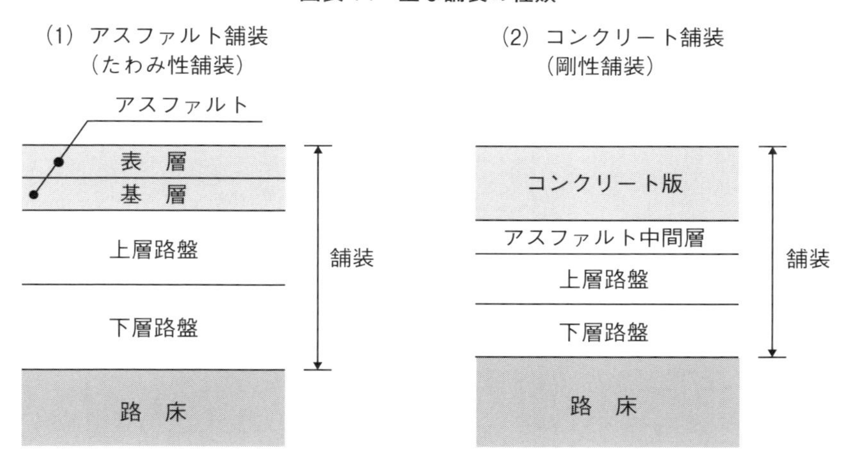

図表15　アスファルト舗装前の生活道路の状況

2 5 ◎…「水」を制するものは国を制する

▶▶河川・水路の断面を理解して「水」を制する

土木担当が管理する**普通河川**や**準用河川**は大小さまざまで、流れる場所に応じて断面の形状も複雑に変化します。河川・水路の管理では、断面を理解した上で、除草・伐採（ばっさい）・浚渫（しゅんせつ）（堆積した土砂等を取り除く）等により流水の機能を維持することが重要です。図表16は**U型側溝による普通河川**、図表17は**石積工（いしづみこう）による準用河川**です。これらの断面は、図表18のとおり「蓋がないこと」が共通しており「**開渠**（かいきょ）」と呼ばれています。

また、図表17の左下には、準用河川に合流している排水路があります。この排水路のように蓋のある河川・水路は「**暗渠**（あんきょ）」と呼ばれています。暗渠の断面は、図表19のようにさまざまな形状のものがあり、暗渠の上端から地表面までの厚さのことを「**土被り**（どかぶり）」といいます。

開渠は蓋がないため、流水機能を維持するためには、防護柵等によって支障物の落下を防ぎ、草木や土砂による詰まりを防ぐことが重要です。また、**天端コンクリート**によって草木の繁茂（はんも）を防ぎ、風雨等の外的要因から構造物の天端を保護して安定性を向上させることも有効です。

図表16　U型側溝による普通河川

図表 17　石積工による準用河川

図表 18　「開渠」の断面の例

図表 19　「暗渠」（カルバート）の断面の例

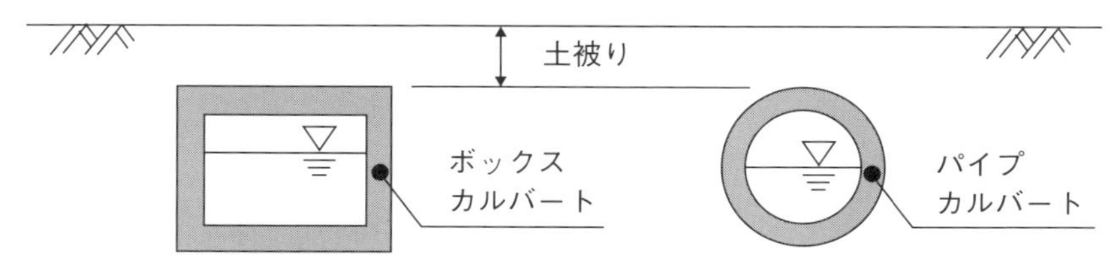

▶▶「管渠」は「暗渠」と「開渠」の総称

管渠（かんきょ）とは、下水道法施行令１条１号に「排水管又は排水渠をいう」と定義されており、下水を流下させる**暗渠と開渠の総称のこと**です。管とは「**くだ**」であり、細長い円筒形で内部が中空のもの、渠とは「**みぞ**」であり、人工の水路の意味で用いられるものです。「管渠とは、文字どおり**くだやみぞのこと**」と覚えておくと、簡潔な説明に役立ちます。

2-6 ◎…「災害」は忘れた頃にやってくる

▶▶「安全」の確保が最優先

土木担当の仕事には、**平常時**と**非常時**の対応があります。

図表20は、**強風による倒木**の事例を示しています。このような場合は、速やかに現場を確認し、道路や河川の利用者の安全を確保するとともに伐採・処分を行います。平常時にも、倒木の恐れがある枯れた木を発見した場合には、早めに伐採・処分します。

図表21は、**ゲリラ豪雨による道路冠水**の事例を示しています。このように短時間に集中的な豪雨が発生した場合には、グレーチング（格子状の溝蓋）等が設置された側溝からの排水が追いつかずに、道路が**冠水**することがあります。このような場合には、状況に応じて通行止めを行うことがあります。

これらの風水害を原因とした異常を発見した場合は、速やかに周囲の安全を確保し、改善や復旧を図ることが事故の防止につながります。

図表20　強風による倒木

図表 21　ゲリラ豪雨による道路冠水

▶▶「外水氾濫」と「内水氾濫」とは

豪雨時は、図表22のような**外水氾濫**（がいすいはんらん）や**内水氾濫**（ないすいはんらん）の危険が高まります。

外水氾濫とは、河川の堤防から水が溢れたり、堤防が壊れて生じたりする氾濫のことです。また**内水氾濫**とは、堤防から水が溢れなくても、大きな河川へ排水する小さな河川や水路の排水能力不足等によって生じる氾濫のことです。

これらの用語を含めて、災害に係る専門用語を調べるには、以下のウェブサイトがとても役立ちます。

〈ウェブサイト〉
国土交通省「防災用語ウェブサイト（水害・土砂災害）」
https://www.mlit.go.jp/river/gijutsu/bousai-yougo/index.html

図表 22　外水氾濫と内水氾濫のイメージ

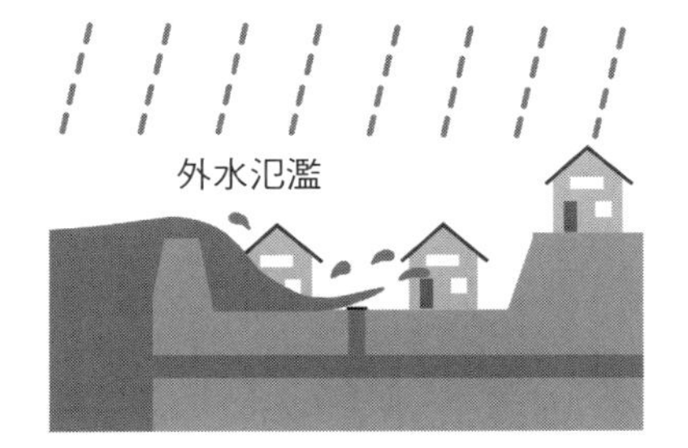

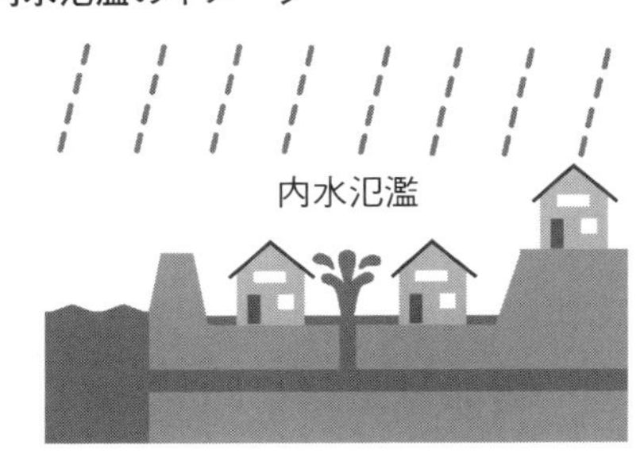

2-7 ◎…何事も「安全第一」で監理する

▶▶道路利用者に対する「注意喚起」を行う

土木工事の施工に際しては、現場やその周辺の安全を確保するための対策を講じておく必要があります。

工事の受注業者は、施工計画書に基づき、図表23のような**工事用看板**や**工事用信号機**を設置します。土木担当は、現場の状況を確認し、これらの設置物が歩行者・自転車の通行を妨げていないこと、強風時にも転倒・飛散しないよう、重り（土のう等）を載せて対策が行われていることなどを確認しておきましょう。また、工事に伴う注意喚起が不足しているようであれば、受注業者と追加の対応を協議するようにしましょう。

台風が接近している時や強風の発生が予想される日には、工事の受注業者に連絡して、転倒・飛散を防止するための養生を行うよう指示することも重要になります。

図表23　工事用看板、工事用信号機

▶▶安全第一のための「安全対策」を図る

土木工事の内容によっては、特殊な対応が必要になることもあります。

図表 24 の**歩道橋撤去工事**のように、広範囲の道路を通行止めにして、一晩で大規模な構造物を撤去しなければならないといった制約がある場合もあります。このような場合には、**夜間照明器具の設置**や**立入禁止措置**（図表 25）等を確実に行って、道路利用者や近隣住民の安全を確保する必要があります。

また、現場の状況に合わせて、危険個所に交通誘導警備員を配置し、自動車や歩行者等の道路利用者の安全を確保することも重要です。こうした安全管理については、工事の発注段階で契約図書にも記載しています。しかしながら、工事発注段階では予想できなかった現場の状況が生じた場合には、受注業者と協議を行った上で、**安全第一**のための安全対策を図りましょう。

図表 24　歩道橋撤去工事

図表 25　立入禁止措置の一例

28 ◎…「人工公物」と「自然公物」を管理する

▶▶「公物」の基本

公物（こうぶつ）は、国や地方公共団体等の行政主体によって、直接に公共目的で使用される有体物（目に見える物）のことです。この公物は、目的に応じて図表26のとおり、一般公衆に使用される**公共用物**と地方公共団体等に使用される**公用物**に分類できます。土木担当は、**公共用物**のうち**人工公物**である**道路**や**自然公物**である**河川**等の管理を主に担当します。

公共用物の設置又は管理は非常に重要な仕事であり、瑕疵があった場合には、賠償責任を負担することになります（国家賠償法2条1項）。

図表26　公物と公共用物の「分類」

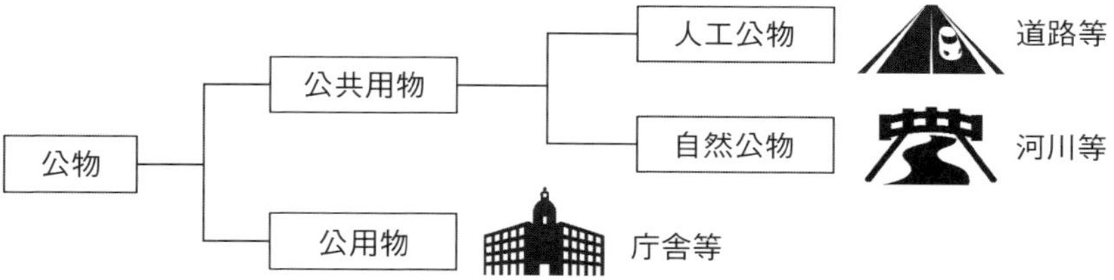

公物
- 公共用物
  - 人工公物　道路等
  - 自然公物　河川等
- 公用物　庁舎等

▶▶公共用物の「分類」

人工公物である道路等は、設置に対して選択の余地がありますが、**自然公物である河川等**には選択の余地がありません。また、人工公物は、安全性が確保されるよう整備された上で供用開始となりますが、自然公物には供用開始の概念がなく、そもそも既に存在しています。

さらに自然公物は、もともと人間が自然を制御できないという災害の危険性を内包したまま供用されています。例えば河川等に影響を与える降雨量は、道路の交通量と異なり予測が難しく、道路を通行止めにするような確実な危険回避も困難です。また、自然公物の機能を管理する自治体は、財政的な制約からあらゆる対策を実施することが困難な面もあります。このため過去の判例によれば、人工公物のほうが、自然公物よりも管理の瑕疵が認定されやすいという特徴があります。

▶▶公物の「使用関係」

公物の「使用関係」については、図表27に示すとおり、まず大きく**一般使用（自由使用）**と**特別使用**に分けられます。

一般使用（自由使用）とは、一般公衆の自由な使用に供され、許可を得ず自由に使用することです。皆さんが道路や河川を散歩する場合も、使用のための許可を受ける必要はありませんよね。

特別使用とは、公物の本来の使用目的ではない特別な目的で使用することで、**特許使用**と**許可使用**の２種類があります。**特許使用**とは、特定の者に対して、特別の排他的・独占的に使用する権利を設定することです。例えば、河川に架かる橋梁工事を実施する際、河川管理者による占用許可を得る場合です。**許可使用**とは、公物の自由使用を一般的に禁止し、特定の者についてその禁止を解除してこれを行うことを許可することです。例えば、道路に仮設トイレを設置する場合です。

図表27　公物の「使用関係」

29 ◎…「水」の通り道は根拠法令等から理解する

▷▷「水」の通り道にはさまざまな種類がある

私たちが道路を歩いていると、**道路側溝**（道路の排水施設である側溝）だけでなく、**河川**や**水路等**を見ることがあります。また、地上から見えない地下にも**暗渠**があります。これらは水の通り道の施設であり、主な種類は、根拠法令等により図表28のように分類することができます。

図表28　道路側溝、河川、水路等の分類

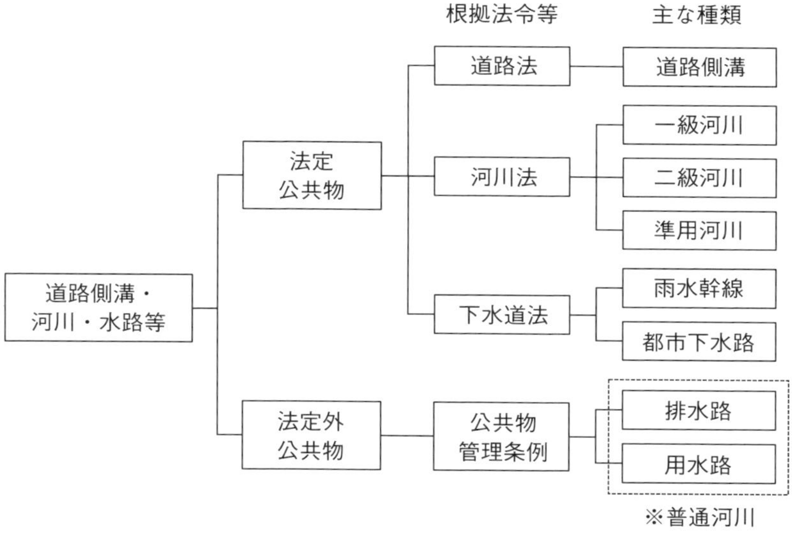

（根拠法令等／主な種類）

- 道路側溝・河川・水路等
  - 法定公共物
    - 道路法
      - 道路側溝
    - 河川法
      - 一級河川
      - 二級河川
      - 準用河川
    - 下水道法
      - 雨水幹線
      - 都市下水路
  - 法定外公共物
    - 公共物管理条例
      - 排水路
      - 用水路
      - ※普通河川

まず、法律が適用又は準用される公共物のことを**法定公共物**といいます。例えば、**道路側溝**は道路法が適用される国道、都道府県道、市町村道に設置されている排水施設です。そして、**一級河川、二級河川、準用河川**は、河川法が適用又は準用される河川のことです。また、**雨水幹線**（うすいかんせん）や**都市下水路**は、下水道法が適用される管渠のことです。

これに対して、家庭の雑排水が流れる**排水路**や農業用の**用水路等**の法律が適用又は準用されない公共物のことを**法定外公共物**といいます。この法定外公共物の実務については、次節2－10で解説します。

まずは、同じように見える**道路側溝、河川、水路等**も、**根拠法令等によってさまざまな種類がある**ことをイメージしておきましょう。

▶▶主な種類の意味を理解する

次に、図表28の中の主な種類について、その意味を確認しましょう。

まず、**道路法**に基づく**道路側溝**については、すでに32ページ図表12で見たとおり、道路の路面に降った雨水の排水を目的として設置されています。道路側溝は、道路の端部に設けられることが多く、自動車が脱輪したり、歩行者が転落したりしないように蓋が設置された暗渠が一般的です。

河川法に基づく**一級河川、二級河川、準用河川**については、蓋のない開渠の形式を見ることが多いでしょう。これらの河川は、道路側溝に比べると幅が広くて大きいものが多いため、道路側溝かどうか見分けるのは難しくありません。

下水道法に基づく**雨水幹線**と**都市下水路**については、どちらも雨水の排除を目的とした管渠という点では同じですが、下水道の排水区域にある公共下水道は雨水幹線、そうでないものが都市下水路（下水道法2条5号）になります。これらは、地下に設置された暗渠の形式が多く、道路側溝との見分けが難しいことはほとんどないでしょう。

公共物管理条例に基づく**排水路**や**用水路**は、**普通河川**と呼ばれており、これらが最も道路側溝との見分けが難しいものになります。大きさは道路側溝と似ているものが多く、道路の路面排水の役割を兼ねるものもあります。このため、これらの公共物の管理担当課については、国からの譲与の有無を含め、よく確認する必要がありますので注意しましょう。

2 10 ◎…「法定外公共物」の基本的な実務を知る

▶▶法定外公共物の基本

法定外公共物は、一般に公図上では無地番の**長狭物**（ちょうきょうぶつ）（地籍調査に用いられる用語で、道路・水路・官有地等を表すもの）です。土木担当が実務で扱うことが多い代表的なものとしては、**里道**（りどう）と**水路**があります。里道や水路を含めた法定外公共物の種類については、以下の財務省関東財務局のウェブサイトに図表29や図表30のとおり示されています。

〈ウェブサイト〉
財務省関東財務局「国有財産について　よくある質問と回答」
https://lfb.mof.go.jp/kantou/kanzai/pagekthp035000123.html

図表30の無地番の「里道」は**道路**であり、「認定（法定）外道路」、「赤線」、「赤道（あかみち）」とも呼ばれています。無地番の「水路」は**普通河川**であり、「認定（法定）外水路」、「青線」、「青溝」とも呼ばれています。

ため池の外周で無地番の「堤塘敷（ていとうしき）」は、**ため池の堤防敷地**のことです。田畑等の耕作地の間にある細長い無地番の「畦畔（けいはん）」は、**あぜ道**のことです。その他の無地番の土地としては、「脱落地」や「ため池」が示されています。「脱落地」は、明治時代の地租改正で官有地と民有地を区分した際、その作業から漏れてしまった土地のことをいいます。「ため池」は、主に農業用水を貯えるための池のことです。

これらの法定外公共物の多くは、住民の日常生活に密着した道路や水路等として利用されてきたものです。かつてその敷地は、国有財産とされてきましたが、地方分権の推進を図るため、里道、水路等のうち**機能**

を有するものは、平成17年3月末までに**市町村に譲与（無償譲渡）**されました。また**機能を喪失したもの**については、平成17年4月以降、**国（財務局）において直接管理を行うこと**とされました。

図表29　地図（公図）

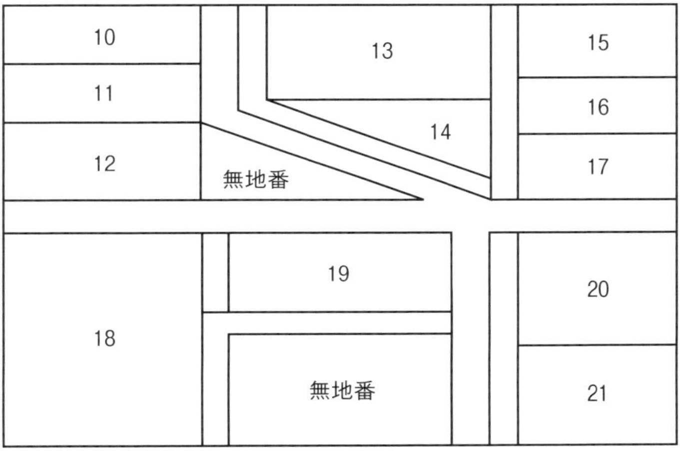

出典：財務省関東財務局ウェブサイトをもとに作成

図表30　地図（字限図）

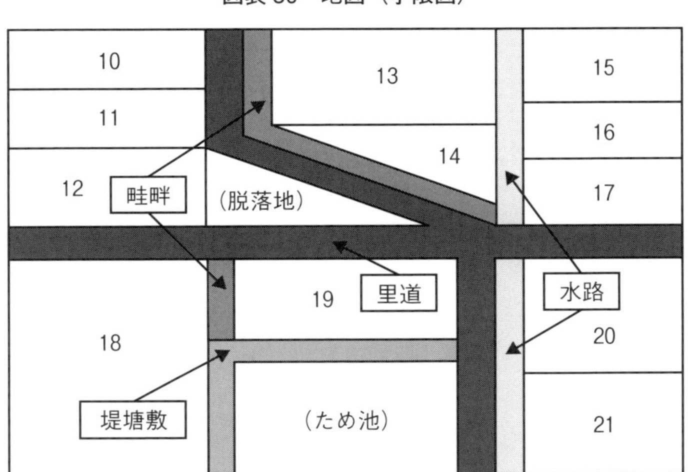

出典：財務省関東財務局ウェブサイトをもとに作成

このため現在は、市町村が「機能を有する里道・水路等（法定外公共物）」を所有し、国が「機能を喪失した里道･水路等（旧法定外公共物）」を所有しています。

法定外公共物の歴史的な経緯を学び、疑問を解決するための実務書としては『長狭物維持･管理の手引　自治体による旧法定外公共物の運営』（ぎょうせい）をお勧めします。

公共物管理条例を一通り理解する

これらの法定外公共物は、自治体が定める**公共物管理条例**に「公共物」として定義されています。

例えば、伊勢崎市の場合には、伊勢崎市公共物管理条例２条に定義されています。

■伊勢崎市公共物管理条例

（定義）

第２条　この条例において「公共物」とは、次に掲げるもので市の管理に属するものをいう。

⑴　道路法（昭和27年法律第180号）の適用を受けない道路

⑵　河川法（昭和39年法律第167号）の適用又は準用を受けない河川

⑶　水路、みぞ、池、ため池その他一般公共の用に供されている土地及び水路並びにこれらに附属して一体をなしている施設

２（略）

法定外公共物の実務の多くは、公共物管理条例や公共物管理条例施行規則に基づいて行われることになります。

これらの条例や規則には、公共物使用料等の申請者が支払うべき使用料（年額）や減免の規定等があります。必ず目を通して理解しておきましょう。

▶▶公共物管理条例に基づく事務

法定外公共物に関する事務は、その敷地内に工作物を設置する場合等に発生します。そのような場合には、例えば以下の(1)から(3)までのように、行為をしようとする者が**公共物管理条例に基づく許可**を受ける必要があります。

(1)法定外公共物を使用した工作物設置の許可

法定外公共物の敷地やその上下に工作物を新築、改築、除却する場合等には、行為をしようとする者が工作物設置の許可を申請する必要があります。

(2)法定外公共物を改良する工事施工の許可

法定外公共物を改良する工事を施工する場合には、行為をしようとする者が公共物改良工事施工の許可を申請する必要があります。

(3)法定外公共物の敷地を占用する許可

法定外公共物の敷地を占用する場合には、行為をしようとする者が事前に土木担当の窓口や電話で相談の上、公共物敷地を占用する許可を申請する必要があります。

これらの申請に際して、自治体によっては「地元区長（町内会長）の意見書」や「地元水利組合の同意書」の添付を求めることがあります。トラブルを未然に防ぐため、申請書を受理する際の添付資料の確認が重要です。また、申請者が許可を受ける際には、条例に定められた**使用料**を納めなければならないのが原則です。この使用料は、条例により年額を定めていることが多く、許可を受けた行為が翌年度以降も継続する場合には、毎年、使用料を納める必要があります。土木担当は、申請者に対して毎年、使用料の納入を依頼する通知等の事務を行います。これは定期的な事務になりますので、人事異動等で初めて事務を行う場合には、前年度のスケジュールも確認しておきましょう。

▶▶境界確認

申請者の土地が法定外公共物に接している場合には、**境界確認**の申請を受けることにより**境界立会**や**境界確定**を行います。申請者が自分の土地を測量・分筆しようとするときなどは、隣接地権者が立ち会って境界を確認した上で境界確定書を作成する必要があり、その境界確認に応じるものです。なお、この**境界確認**については、申請者が依頼した測量の専門家（土地家屋調査士等）から窓口や電話で問い合わせを受けることがるため、あらかじめウェブサイトを参照して事務の流れ等を確認しておきましょう。この境界確認の注意点としては、あくまでも自治体が管理している公共物についての境界を確認するものであり、土木担当が私道や私有地同士の境界等を確認することはできません。

▶▶用途廃止

法定外公共物の敷地を取得しようとする者には、事前に相談を行ってもらった上で、**法定外公共物の用途を廃止するための申請**をしてもらいます。この用途廃止については、公共物管理条例ではなく、財務規則等に基づく事務になります。用途廃止後には、**普通財産の売払い（払下げ）の事務**が生じることも多く、管財課等と連携しながら事務を進めることになります。

■伊勢崎市財務規則

（用途変更又は廃止）

第229条　主管部長等は、その所管する**行政財産の用途を変更し、又は廃止する**必要があると認めたときは、次に掲げる事項を記載した書類を添えて、市長の決裁を受けなければならない。

(1)〜(6)　（略）

2　（略）

第3章

社会資本整備事業のポイント

3 1 ◎…社会資本整備事業の「実務」って何だろう？

▶▶実務の全体的な流れを覚える

土木担当の職場では、道路、橋梁、河川をはじめ、さまざまな**社会資本整備事業**を担当しています。社会資本整備事業の種類は多様ですが、測量・設計を行い、必要に応じて用地取得・移転補償を行った上で工事を実施するという全体的な実務の流れは、おおむね共通しています。そこで本章では、社会資本整備事業の実務について、具体的な事例を挙げて解説します。その具体例としては、全国各地で実施されており、生活に密着していてイメージしやすい**生活道路整備事業**を選びました。

▶▶生活道路整備事業のイメージ

生活道路は、図表31のような**私たちが身近に利用する道路のこと**です。その多くは、幹線道路に至るまでのセンターラインのない道路です。

図表31　生活道路整備事業のイメージ

整備前（側溝がなく道路が冠水）

整備後（側溝設置、拡幅）

生活道路は、図表32に示すように、拡幅前の幅員が2.6メートルしかなく、車のすれ違いが難しい道路もあります。道路の幅員を広げることを**拡幅**といいますが、この図表では、道路の両側を1.0メートル拡幅し、幅員を4.6メートルにしています。拡幅後の幅員の目標値は、各自治体が独自に運用しており、4～5メートルとしていることが多いです。

拡幅後の**横断図のイメージ**は、図表33のようになります。道路の片側には、蓋のある**落蓋式U型側溝**を設置し、路面に1.50パーセントの勾配をつけます。これにより、雨水は落蓋式U型側溝へ自然流下します。幅員は、落蓋式U型側溝から地先境界ブロックまでの範囲とするのが一般的です。

図表32　道路拡幅のイメージ

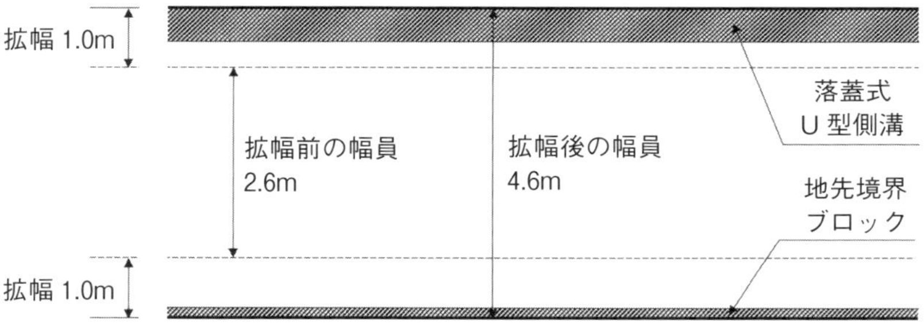

拡幅 1.0m
拡幅前の幅員
2.6m
拡幅後の幅員
4.6m
落蓋式
U型側溝
地先境界
ブロック
拡幅 1.0m

図表33　横断図のイメージ

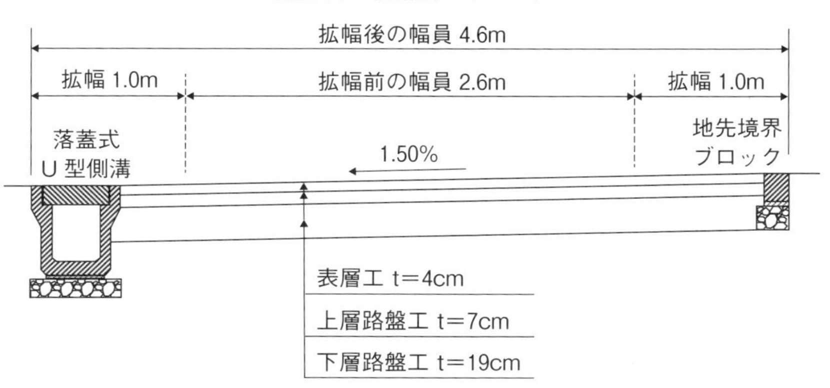

▷▷生活道路整備事業の流れ

図表34は、一般的な**生活道路整備事業の流れ**を示しています。

図表の着色部は、地権者等との交渉を要する事務であり、多くの場合、あらかじめ通知等による周知が必要になります。これらの着色部の事務については、自治体の内部事務だけでは完結しないため、十分に準備を行った上で**地権者等との交渉**に臨まなければなりません。

図表34　生活道路整備事業の流れ

凡例）（着色）：地権者等との交渉を要する事務　▶：通知等による周知

要望書の受理・回答 ▷ 市町村道の調査・計画 ▶ 事業説明会（着色） ▷ 測量調査・詳細設計 ▶ 線形説明会（着色） ▷ 税務署との事前協議 ▶ 用地取得・移転補償（着色） ▷ 所有権移転登記 ▶ 道路工事（着色）

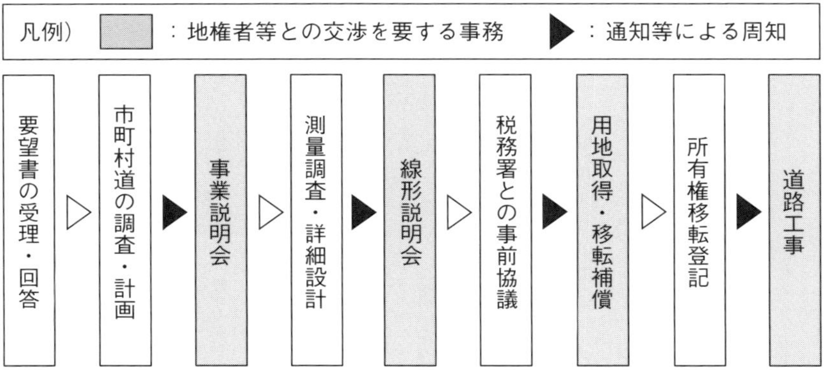

▷▷拡幅要望路線と完成後の路線のイメージ

本章は、図表35の**拡幅要望路線**を仮定し、図表36の**完成後の路線**ができるまでの実務のポイントを解説します。

生活道路の要望路線は多いため、安全性や利便性を確保した上で個々の事業費を抑制し、予算の効率的な執行に努めることが重要です。このため、完成後の路線の多くは、図表36のように完全な直線にはなりません。

これは、建築物の移転は行わない前提のもと、外壁等の工作物の移転補償もできるだけ少なくなるよう計画するためです。一般に、数千万円と高額な建築物の移転補償を回避し、さらに外壁等の工作物等の移転補償を抑制する計画を立案することが、他の路線の事業進捗にも貢献するのです。

図表 35　拡幅要望路線

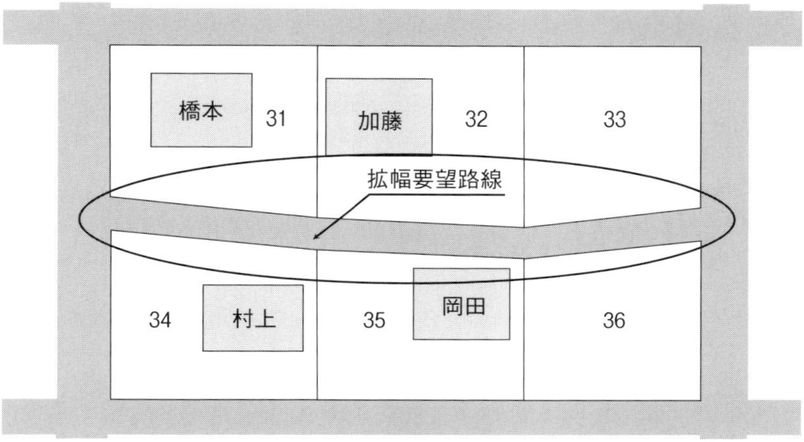

橋本　31　加藤　32　33
拡幅要望路線
34　村上　35　岡田　36

図表 36　完成後の路線

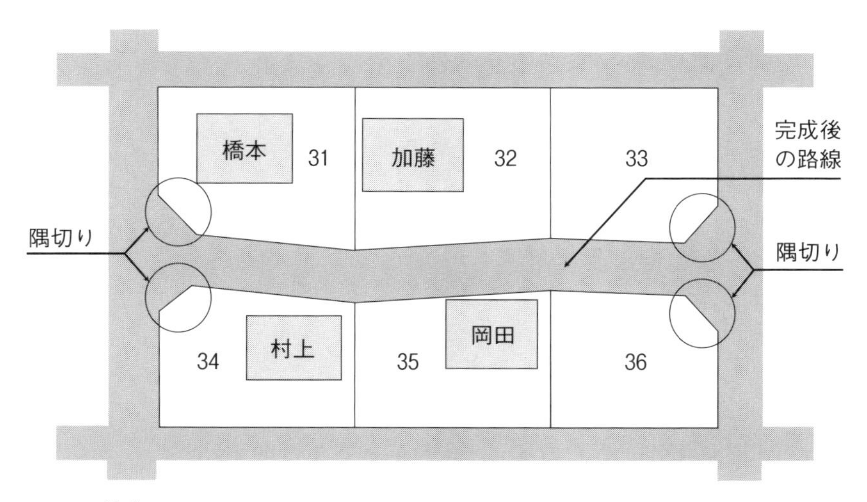

※隅切り（すみき）……交差点内の見通しの確保、車両や人の通行上の安全等を目的として、道路２辺に面している角敷地の２辺が接する角の一部分を空き地にすること

3 2 ◎…地元区長等からの「要望書」に回答する

▶▶要望書の受理

要望書は、地元区長（町内会長）等が**地区の総意として提出**します。地元区長等から「要望書を提出したいがどうしたらよいか」と相談を受けたら、要望書の様式への記載や添付資料の作成をお願いすることになるため、詳しく説明できるように準備しておきましょう。添付資料は、位置図（前ページ図表35のような地図等）と沿線の地権者全員の同意書としている自治体が多いため、これに沿った流れで解説します。

▶▶要望内容の確認

要望書を受理した際には、まず**要望内容を確認**します。要望内容が、拡幅なのか拡幅を伴わない側溝整備のみなのかによって、回答や対応が異なるためです。拡幅がなければ用地取得の事務や費用は不要です。

また、添付資料の確認も重要です。位置図については、要望する路線の範囲が記載されていれば十分です。要望路線が市町村道であれば、その詳細は後ほど道路台帳図等を調べればわかるからです。

地権者全員の同意書はとても重要です。地権者全員の総意に基づく要望であるかどうかが、その後の用地取得・移転補償や工事の成功を左右する重要な前提条件になるからです。地権者が１人でも反対した場合には、路線全体の拡幅ができず事業中止となるため、この確認はとても重要です。このため、まず提出された同意書に地権者全員の署名・捺印があるかを確認します。

そして後日、法務局から登記記録情報を収集し、地権者全員が正しく署名・捺印しているかを確認します。万が一、地権者の署名と登記記録情報による地権者が異なる場合には、地元区長等に要望書を返却し、正しい地権者からの署名・捺印を求めます。

▶▶要望書の回答を検討する際のポイント

要望書の回答を検討するために現場を確認する際は、図表37をチェックするとよいでしょう。**用地取得**に向けては、**拡幅用地の登記記録情報**を調べることが必須です。また、**物件移転**に関しては、信号は公安委員会、電柱は電力会社等に相談することも検討に値します。

回答する際には、図表37の内容を踏まえた上で、何よりも相手の立場に配慮した、わかりやすい説明が重要です。要望への回答や対応にミスマッチを生じさせないことを意識しながら、現場をよく知る土木担当の「現場力」で納得を得るように心掛けましょう。

図表37　回答を検討する際のチェックリスト

- □ 要望内容は何か（拡幅、側溝整備等）
- □ 側溝整備のみの要望の場合、幅員が目標値以上か
- □ 道路管理者は国・都道府県・市町村のいずれか
- □ 拡幅が可能か（拡幅用地の所有権、沿線の建築物等）
- □ 沿線に墓地等の用地取得が難しい土地がないか
- □ 物件移転が必要か（工作物、立竹木(りゅうちくぼく)、信号、電柱等）
- □ 関係機関の協議が必要か（公安委員会、警察署、河川管理者等）
- □ 施工時期を配慮すべき箇所であるか（通学路等）
- □ 排水先となる側溝や水路等の接続先（流末）があるか
- □ 拡幅用地を寄附することを提案しているか
- □ 公衆用道路の払下げ（売払い）を求めているか
- □ 過去に事業が中止となった経緯のある路線であるか
- □ 上空制限、崖地、狭あいな現場等により、工事に支障がないか

3 ◎…計画立案のための「調査」が重要

▶▶該当路線の調査

生活道路整備事業に着手する路線が決定したら、**該当路線を調査する**とともに**現地の写真を撮影**し、あらためて以下の内容を把握しましょう。

(1)境界杭（きょうかいぐい） … 国土調査、道路後退等の杭があるか
(2)幅　員 … 道路台帳図の現況道路の幅員と現地の幅員
(3)排水先 … 路線の起終点等で側溝の排水を接続できるか
(4)支障物件 … 建築物、工作物、立竹木、信号、電柱等

なお、図表38のとおり、地図の見分け方を理解しておきましょう。法務局から地図を取り寄せたら、まずは地図の右下にある分類を確認します。分類に「地図（法第14条第1項)」と記載がある場合は、不動産登記法14条1項による地図です。測量法に基づき境界を測量したもので精度が高く、「14条地図」と呼ばれています。

図表38　地図と地図に準ずる図面の見分け方

(1) 不動産登記法14条1項による地図の場合

分類	地図（法第14条第1項）	種類	土地改良所在図

(2) 地図に準ずる図面の場合

分類	地図に準ずる図面	種類	旧土地台帳附属地図

分類に「地図に準ずる図面」と記載がある場合は、同法14条4項による図面です。旧土地台帳附属地図は、税金の徴収を主目的として作られたものであり、精度は十分でなく、現地と整合しないことがあります。

■不動産登記法

（地図等）
第14条　登記所には、**地図**及び**建物所在図**を備え付けるものとする。
2・3　（略）
4　第1項の規定にかかわらず、登記所には、同項の規定により地図が備え付けられるまでの間、これに代えて、**地図に準ずる図面**を備え付けることができる。
5・6　（略）

また、登記記録情報や現地を調査した段階で、**用地取得や工事が極めて困難であると判断できる場合**があります。例えば、数十年に渡り所有権移転登記が行われておらず、**土地売買契約の相手方の特定が困難な場合や沿線の両側にある建築物が接近していて拡幅困難な場合等**です。

このような場合は、①地元区長等に状況を説明して要望内容の再考を相談する方法や②要望書に対する回答で、現状では困難な状況があり、その状況が改善された後に事業を計画することを伝える方法があります。どう対応すべきか上司と相談の上、慎重に回答しましょう。

▶▶事業説明会を開催する前に

限られた予算の効率的な執行に努めるものの、**要望書の受理から事業着手までに相当な年数が経過してしまうこと**もあります。そのような場合には、次節3－4で解説する**事業説明会**の開催前に、現地の状況を十分確認し、図表37の内容を再確認しておきましょう。要望当時にはなかった建築物等が沿線に新しく存在していることもあります。

3 4 ◎…事業説明会で各地権者からの「意見」を把握する

▶▶事業説明会の開催までの流れ

土木担当は、要望路線の中から要望順を基本としつつ、安全性、緊急性、重要性等を総合的に勘案して着手路線を計画・決定し、**事業説明会**を開催します。注意点としては、地権者の死亡による相続や土地売買による所有権移転等が生じており、現在の地権者と要望書受理時の地権者が異なる場合があります。このため、あらためて現在の地権者が参加する事業説明会を開催し、事業の同意を確認するとともに、各地権者からの意見を把握します。事業説明会の開催までの流れは以下のとおりです。

⑴現在の地権者の確認

法務局から登記記録情報を収集し、**現在の地権者を確認**します。要望書受理時の地権者とは異なる場合があるため、開催通知を郵送する場合には、特に宛先に十分注意しましょう。

⑵路線内の埋設物等の調査

事業説明会に向けては、以下の**埋設物等**について、図面等の収集や確認を行います。

①上水道：図面、土被り等（上水道担当課に確認）
②下水道：図面、土被り等（下水道担当課に確認）
③ガス管：図面、土被り等（ガス会社に確認）
④共同排水：図面、土被り等（地元区長や地権者に確認）
⑤電柱：図面、電柱番号、電柱管理者等（電柱番号札を現地で確認）
⑥占用物件：道路占用許可を得ている物件内容（道路管理者に確認）

⑶開催日時等の決定

地元区長等に相談し、会場等の空き状況を踏まえて、事業説明会を**開催する日時、会場、参加者、周知方法（回覧・郵送等）**を決定します。

⑷開催の周知

回覧・郵送等により、**開催を周知**します。**遠方に住む地権者**には郵送にて周知しますが、欠席となることも多いため、**事業の同意を得る方法**についても、あらかじめ地元区長と相談しておきましょう。

⑸開催当日

A1 ～ A0 用紙に拡大した現況図（図表 39）と標準横断図（51 ページ図表 33 の横断図）を準備します。現況図は、大きな机の上に広げて、地権者に地図内の所有地の近くに座ってもらうことがポイントです。これは、地権者からの**意見**や**希望する内容**を現況図に書き込んだり、付箋で貼り付けておくためです。

図表 39　現況図

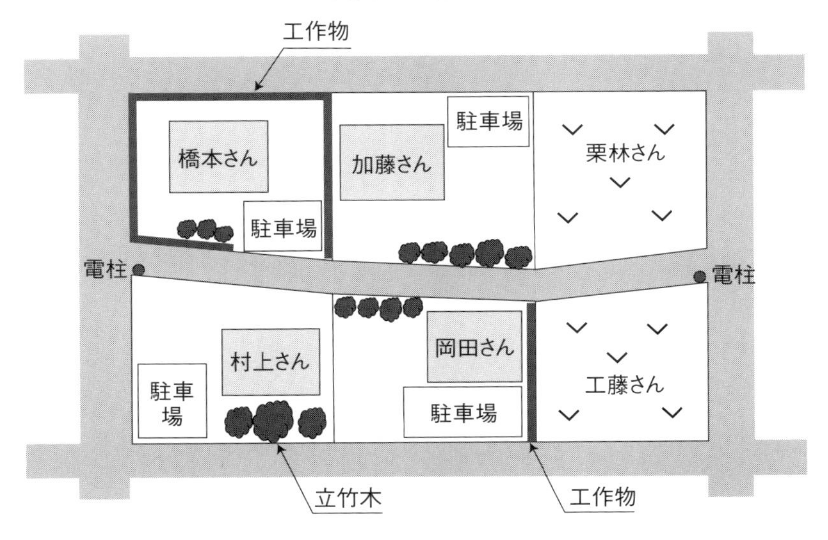

▶▶事業の概要をわかりやすく伝える

事業説明会では、地権者に以下の内容を説明します。

⑴標準的な工程は３年間（測量・設計１年、用地取得１年、工事１年）
⑵用地取得単価（自治体が定める単価で用地を取得する場合）
⑶基本的には目標の幅員まで拡幅し、片側側溝とする。
⑷支障物件となる建築物は移転せず、これを避ける線形とする。
⑸排水工の概要（片側側溝、排水先等）
⑹工作物等の移転補償費は、国の基準に基づいて算出する。減価償却を見込むので、新設当時よりも安い移転補償費となる。
⑺地権者本人が支障物件を移転し、移転完了後に補償費を支払う。
⑻隅切りの標準的な長さは3mとする。
⑼事業に反対する地権者がいれば中止する。
⑽用地取得に係る譲渡所得税は控除されるが、一時所得として来年度の保険料等が高くなる場合がある。

これらを一通り説明した段階で質疑応答を行い、質疑応答終了後に事業の同意を確認します。**全員の同意が得られなければ事業を中止します**が、同意が得られれば、以下の内容を説明します。

⑾地元区長には、欠席者の同意を確認し、地権者全員が同意する地元の総意であることを土木担当に報告してもらう。
⑿地元区長から全員同意の報告があれば、測量・設計業務を開始し、地権者には境界立会等に協力してもらうことになる。
⒀今後のスケジュール（境界立会等）

▶▶事業説明会の意見を測量・設計に反映させる

会場では、地権者の意見を現況図（前ページ図表39）に書き込みます。例えば以下の意見が想定されますので、各地権者からの意見を把握しながら、**進行の案**も準備して臨みましょう。すると、図表40のようなイメージを思い描くことができるはずです。

(1)橋本さん「駐車場の面積が減ると駐車できなくなるので、反対側に拡幅してもらえないだろうか。」→（案）「反対側の村上さんは、村上さん側への一方拡幅になっても問題ないでしょうか？」
(2)村上さん「特に問題ないです。」→（案）「拡幅に伴う電柱の移転が生じますが、村上さんの敷地内への電柱移転も問題ないでしょうか？」
(3)加藤さん「できれば木は残したい。」→（案）「岡田さんの家が道路の近くにありまして、立竹木の移転が必要になる可能性が高いです。」
(4)岡田さん「家を避ける範囲での拡幅ならば問題ない。木を移転することも構いません。」→（案）「今後の設計に反映します。」
(5)栗林さん「農業をしているので、敷地面積をできるだけ残したい。」→（案）「ご希望は承知しました。反対側の工藤さんはいかがですか？」
(6)工藤さん「処分したい土地なので、拡幅よりもむしろ1筆全てを取得してもらいたい。」→（案）「道路用地のみの取得となります。」

図表40　拡幅に伴う用地取得・移転補償のイメージ

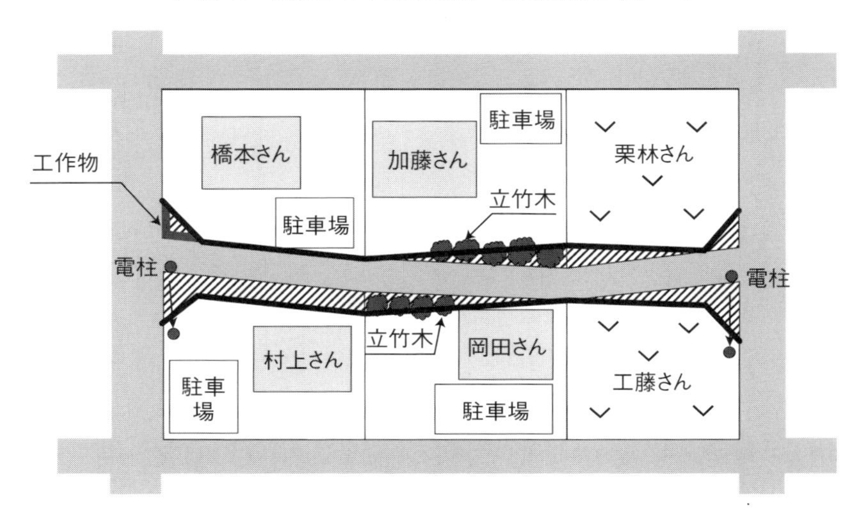

3｜5 ◎…「契約」の理由から業務の発注方法を決定する

▶▶一般競入札、指名競争入札

事業説明会を開催して事業実施が決定すれば、**測量・設計の業務**を進めます。事業の内容にもよりますが、多くの場合、**建設コンサルタントに委託業務を発注する**ことになります。自治体が行う委託業務等の発注は、税金で賄われるものであるため、「より良く、より安く」行うことが求められます。そのため、図表41に示すように不特定多数の参加者を募る「一般競争入札」が原則とされています。しかしながら、一般競争入札は準備に多くの作業や時間が必要になるため、結果的に当初の目的が達成できなくなってしまうこともあります。そこで、例外的に「指名競争入札」や「随意契約」による契約が認められています。

図表41　契約の種類と概要

種類	概要
一般競争入札	公告によって不特定多数の者を誘引して、入札により申込みをさせる方法により競争を行わせ、その申込みのうち、地方公共団体にとって最も有利な条件をもって申込みをした者を選定して、その者と契約を締結する方法
指名競争入札	地方公共団体が資力、信用その他について適切と認める特定多数を通知によって指名し、その特定の参加者をして入札の方法によって競争させ、契約の相手方となる者を決定し、その者と契約を締結する方法
随意契約	地方公共団体が競争の方法によらないで、任意に特定の者を選定してその者と契約を締結する方法

※「せり売り」は、動産の売り払いに限定されている。

出典：総務省資料をもとに作成

要件を満たす理由があれば随意契約も可能

「指名競争入札」によることができる要件は、①契約の性質・目的が一般競争入札に適しない契約をするとき、②契約の性質・目的により、入札に加わるべき者の数が一般競争入札に付する必要がないと認められる程度に少数である契約をするとき、③一般競争入札に付することが不利と認められるときです（地方自治法施行令167条）。

「随意契約」によることができる要件は、①予定価格が少額の場合、②契約の性質・目的が競争入札に適しない場合、③緊急の必要により競争入札に付することができない場合、④競争入札に付することが不利と認める場合等です（同法施行令167条の2）。

技術提案ならプロポーザル方式

生活道路整備事業で採用する可能性は少ないと思いますが、調査・設計・計画等の業務を随意契約とする方法の1つに、**プロポーザル方式**があります。この方式は、業務内容が技術的に高度である場合、当該業務の明確な条件を提示した上で建設コンサルタントに提案書の提出を求め、技術的に最適な業者を選定するものです。この場合、随意契約の理由は「業務内容が技術的に高度であり、競争入札は適していないため」となることが一般的です。

変更契約の留意点

契約後に業務の変更が生じた場合には、**変更契約**を締結することがあります。変更見込金額は、自治体によって**契約金額の30パーセントまでを上限とすること**を定めている場合があるので確認しておきましょう。また、変更契約の実務に際しては、変更に至るまでの受注業者との経過がわかる資料(指示書等)が必要になりますので準備しておきましょう。

3 6 ◎…線形説明会では「線形」の合意形成を図る

▶▶現地の状況を再確認する

測量・設計業務の委託契約後は、建設コンサルタントに現況図等（59ページ図表39や61ページ図表40）を説明した上で業務を進めます。その時までに、事業説明会で寄せられた意見を踏まえて、再び現地を確認し、必要に応じて地元区長等や地権者に詳細を確認しておきましょう。測量・設計業務の開始時点で十分に地権者等の意見を反映しておくと、その後の線形説明会で線形の合意を得られやすくなるからです。

▶▶測量・設計の業務概要

測量業務では、**現地測量**、**路線測量**、**用地測量等**を行います。**現地測量**は、現地の状況を正確に把握するもので、建物や塀等を含めた基礎的な図面を得ることができます。また、**路線測量**は、該当路線の中心線のほか、縦断方向、横断方向の測量を行うもので、道路全体の状況を正確に把握するものです。**用地測量**は、法務局から得た地図等に基づいて、境界や面積の確認を行うものです。

設計業務には、予備設計や詳細設計等の発注がありますが、生活道路整備事業では、**詳細設計**を発注することが一般的です。詳細設計では、道路構造条例に基づいて道路構造等を設計しますが、その際には地権者等の意見をできるだけ反映できるように検討しましょう。

用地調査業務では、拡幅予定の用地内に含まれる**補償物件の調査等**を行います。現地の状況を踏まえて、工作物や立竹木等の支障物件の数量や補償費を算定し、用地取得・移転補償に必要な資料を作成します。

▶▶用地取得・移転補償の要点を押さえる

用地取得・移転補償の実務に際しては、**用地取得単価**や**補償基準等**を理解しておく必要があります。

用地取得単価は、各自治体が定める単価を用いることや土地鑑定評価に基づく単価を採用することが考えられます。地元からの要望に基づく生活道路整備事業は、自治体によってさまざまな運用が図られています。

補償基準は、私人に対しては「公共用地の取得に伴う損失補償基準要綱」や「公共用地の取得に伴う損失補償基準」に基づいて補償が行われます。一方で、公共施設の管理者に対しては「公共事業の施行に伴う公共補償基準要綱」に基づく補償が行われます。

まずは、これらの補償基準に目を通すことが重要ですが、用地取得や移転補償の実務について丁寧に解説している『新版公共用地取得・補償の実務—基本から実践まで—』『用地補償ハンドブック〈第6次改訂版〉』（ともにぎょうせい）の2冊を読み、基本的な内容を理解しておくとよいでしょう。

▶▶線形説明会の開催に際して

線形説明会の目的は、**測量・設計の結果から得られた線形の案について、地権者全員の合意形成を図ること**です。地権者全員が線形図に同意した上で、用地取得等に着手することが重要になります。

このため、できれば線形説明会の開催に先立ち、現場で拡幅後の官民境界に仮の杭（「用地幅杭（ようちはばぐい）」といいます）を設置して、地権者に周知できればベストです。これにより、地権者は**あらかじめ用地取得に応じる範囲を把握した上で、線形説明会に参加する**ことができます。

また、線形説明会の会場では、事業説明会の時と同様に、A1 ～ A0用紙に拡大した線形図（67ページ図表42）を大きな机の上に広げて、地権者に地図中の所有地の近くへ座ってもらいましょう。線形説明会では、この線形図に基づき、**地権者の所有地や路線全体の用地取得範囲を十分に確認してもらった上で、線形の合意形成を図ることが重要**になります。

▶▶縦断図と排水方向を確認しておく

線形説明会での説明に際しては、**縦断図と排水方向**を確認しておきましょう。測量・設計の結果、図表43の縦断図が得られるので、排水方向を確認しておきます。例えば村上さんから「私の敷地の前の側溝は、左右のどちら側に水が流れますか？」と質問があれば、縦断図をすぐに確認します。道路の高さに合わせてU型側溝を整備する場合、ケース1では、村上さんの土地の左側が最も高く、この道路の排水は全て左側から右側へ流下します。ケース2のように、村上さんと岡田さんの土地の境界付近が一番高い場合には、そこを境目として左右に流下します。

▶▶線形の合意形成を図る

線形説明会で地権者全員の合意形成を図ったにもかかわらず、その後に反対されてしまう事態は避けなければなりません。このため線形説明会では、事業説明会とは異なり、各地権者に対して以下の⑴から⑽までに示すような**具体的な説明が必要**になります。

また、線形説明会で合意形成を図ることができれば**用地取得を開始すること**、もし反対する場合は線形説明会の時点で反対してもらい、**事業を中止すること**について説明しましょう。

⑴用地取得範囲（各筆、路線全体）
⑵用地取得単価（自治体が定める単価で用地取得する場合）
⑶建築物から官民境界までの距離（建築物のある筆）
⑷隅切り、電柱移転の有無
⑸一方拡幅となる理由（建築物が道路に近接している場合等）
⑹物件移転補償の概要（工作物、立竹木等）
⑺国の基準に基づいた移転補償費を算定すること
⑻支障物件の移転補償契約後、各地権者が支障物件を移転すること

⑼市が支障物件の移転を確認後、移転補償費を支払うこと
⑽今後のスケジュール（土地売買契約、電柱移転、工事時期等）

図表 42　線形図

工作物
橋本さん
駐車場
加藤さん
駐車場
栗林さん
電柱
電柱
村上さん
駐車場
岡田さん
駐車場
工藤さん
立竹木
工作物

図表 43　縦断図と排水方向のイメージ

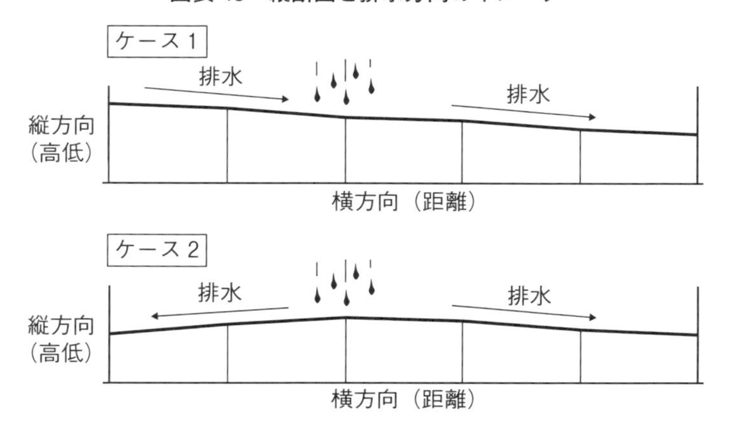

3 7 ◎…「用地取得・移転補償」を成功させる秘訣

▶▶税務署との事前協議

生活道路整備事業の実施に伴い交付される補償金に対しては、**租税特別措置法による課税の特例制度**が設けられています。この特例制度は、土木担当が発行する証明書を基礎として適用されます。このため、土木担当は、用地取得等に係る事業が課税の特例に該当するかなどを**事前に税務署と協議**した上で用地取得に着手する必要があります（図表44）。

生活道路整備事業に協力した地権者は、**5,000万円の特別控除**が適用され、譲渡所得から5,000万円までの控除を受けられます。事前協議に要する期間は、1か月～1か月半程度とされています。なお、事前協議を省略できる場合があり、被買収者が受ける補償金額の最高額が200万円未満の事業は、事前協議を省略して差し支えないことになっています。

図表44　契約・各種の支払いの流れ

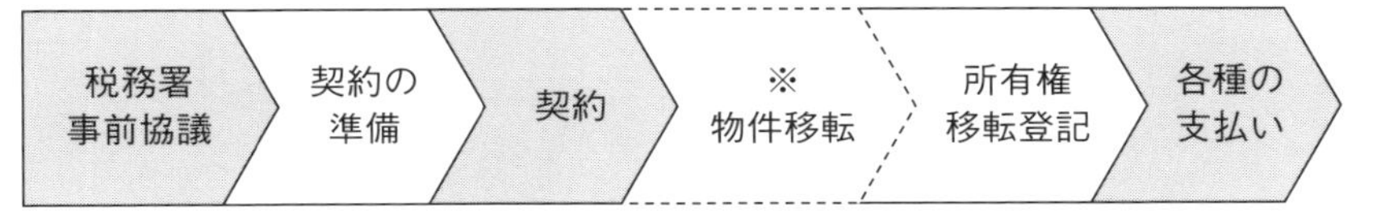

※が必要：支障物件がある地権者（例：橋本さん、加藤さん、岡田さん）
※が不要：支障物件がない地権者（例：村上さん、栗林さん、工藤さん）

▶▶相続が発生した土地の契約方法

地権者が亡くなってしまった場合には、**新たな契約の相手方となる相続人を探す**ことになります。相続が発生した場合の主な契約方法は、以下の３つがあります。

⑴**遺言書**による相続人と契約する。
⑵**遺産分割協議**(相続人全員での話し合いにより遺産を分割する方法)による相続人と契約する。
⑶**法定相続分の割合**（民法に定める法定相続分により、遺産を持分で共有する方法）による相続人と契約する。

▶▶抵当権の一部抹消手続を忘れずに

取得する土地に**抵当権**が設定されている場合は、道路用地として取得する範囲について**抵当権の一部抹消手続**を行います。抵当権者の多くは銀行であるため、その銀行に相談して手続を確認します。銀行によって手続に要する日数が異なりますので、早めに相談しておきましょう。

▶▶用地取得・移転補償の成功の秘訣

生活道路整備事業は、地権者全員の同意を前提に要望書を受理し、その後の事業説明会や線形説明会でも全員の同意を確認します。このため、基本的には用地取得の段階で反対されることはありません。しかし、移転補償費等に不満があり、交渉が難航して契約時期が遅れれば、その後の工事着手時期にも影響を及ぼしてしまいます。

このため「用地取得・移転補償の契約は、困難が予想される案件から順番に交渉を開始する」ことが**成功の秘訣**です。説明会等で地権者に接見した際には、その人の意見や表情にも注意しておきましょう。

▶▶契約の手続はスムーズに

土地売買契約・物件移転補償契約に際しては、**スムーズに行うことや相手の立場に立った説明**を心掛けましょう。契約手続は、地権者のところに出向く方法や公民館等で指定日に一斉に行う方法をとります。地権者が多く、一斉に行うほうが効率的な場合等には、後者を採用します。

また、用地取得・移転補償に応じた地権者は、**確定申告**を行う必要があります。確定申告は、1月1日から12月31日までの所得と納める税額を計算するもので、翌年の2月16日から3月15日までの期間に申告するものです。このため、確定申告に必要な**買取証明書**は1月末までを目途に交付します。地権者に対しては、確定申告によって保険料や市民税に影響が出る場合があることを伝えておきます。また、契約後には、物件移転や工事にも協力してもらえるようお願いしておきましょう。

▶▶契約時期は所有権移転登記から逆算する

土木担当は、土地売買契約後、**所有権移転登記**の手続を進めます。登記事務の担当課（管財課等）がある場合には、登記事務を依頼します。固定資産税は、1月1日現在の登記面積にて課税されるので、年内に登記ができる案件については、登記事務の担当課が指定する年内登記の締切日までに登記事務を依頼することになります。

▶▶電柱移転申請は早めに段取りを行う

(1)電柱移転依頼の時期

電柱は、主に電力会社やNTTが所有しており、移転に関する協定等に基づいて移転や補償を行うことが一般的です。拡幅した用地内に電柱が残る場合には、**電柱を民地へ移転するための依頼**が必要です。電柱の移転は、電柱所有者に依頼してから**数か月**を要するため、移転先の地権者と土地売買契約を締結した段階で、速やかに依頼しましょう。

(2)電柱の所有者の確認

電柱の所有者を見分けるには、電柱番号札を確認します。例えば、図表45の伊勢崎市内の電柱には電柱番号札が2つあります。この場合、下の表示者である電力会社が所有者ですが、全国には、これとは逆に上の表示者が所有者となる地域もあるようです。電柱の所有者を見分ける方法は、地域特有のルールがあるので、上司や先輩に確認しておきましょう。なお、電柱番号札には電柱番号の表示があり、電柱所有者に移転を依頼する際に伝える必要があるため、控えておくことが重要です。

図表 45　電柱番号札

⑶電柱移転の注意点

電柱移転の依頼後は、電力会社・NTT・土木担当の３者で現地の立会いを行います。この立会いの際、官民境界を説明する必要があるので、あらかじめ用地幅杭を確認しておきます。

移転後の電柱が拡幅後の道路用地内に入っていれば、再移転が必要になってしまいます。土木担当は、再移転が生じないよう、立会い時に用地幅杭の位置を正確に伝えます。また、電柱所有者から移転完了の連絡を受けたら、現地へ行って移転後の位置をよく確認しておきましょう。

▶▶支払手続の後は書類と安心を届ける

取得した用地に係る登記が完了すると、法務局から**登記完了証**が発行されます。その後の手続には**登記完了証、登記簿、公図**が必要になるので、法務局へ請求します。登記完了証、登記簿、公図の準備ができたら、速やかに土地の引渡しの事務を行います。土地の引渡し完了後には、支払手続を行います。地権者には、新しい登記簿や公図等を届けますが、その際には契約金額の振込日を伝えて安心してもらいましょう。

3 8 ◎…発注者として「設計図書」を作成する

▶▶設計図書の作成

土木担当は、測量・設計の業務成果に基づいて**設計図書**（としょ）を作成します。

この設計図書は、図表46に示す⑴**仕様書**、⑵**契約図面**、⑶**施工条件明示書**、⑷**設計書**、⑸**数量計算書**、⑹**数量総括表**を作成することが一般的です。まずは、執務室内にある設計図書の前例を確認することから始めてみると理解しやすいです。

⑴は、各工事に共通する**共通仕様書**と各工事に固有の技術的要求を求める**特記仕様書**の総称です。⑵は、契約書に添付される図面のことです。⑶は、工事を施工する際に制約を受ける条件を明示したものです。

⑷は、図表47の**請負工事費**を積算したものです。これは、⑵の各種図面に基づいて数量の計算を行った⑸やこれらの数量を総括表に整理した⑹と併せて作成することになります。

図表46　設計図書

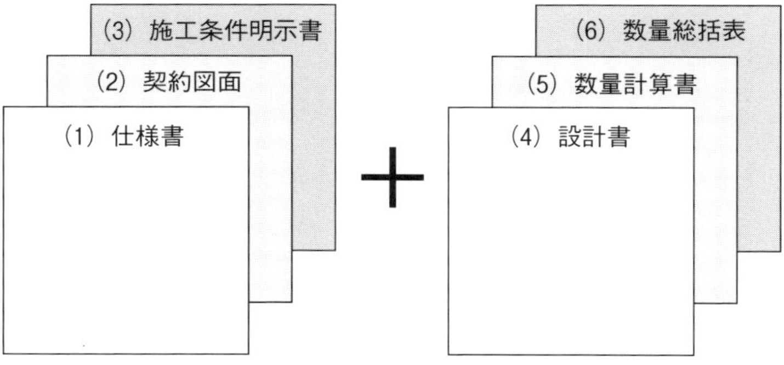

(3) 施工条件明示書
(2) 契約図面
(1) 仕様書
＋
(6) 数量総括表
(5) 数量計算書
(4) 設計書

▶▶一般土木の請負工事費の基本構成

図表46の(4)**設計書**には、**請負工事費**が算出されるまでの各種の金額が羅列されています。最初は、金額の積算根拠や関連性をイメージすることが難しいので、図表47を見ながら金額をチェックすることから始めてみましょう。一般土木の請負工事費の基本構成を理解することができれば、請負工事費がどのように積算されているかを説明できるようになります。

図表47　一般土木の請負工事費の基本構成

- 請負工事費
  - 工事価格
    - 工事原価
      - 直接工事費
      - 間接工事費
        - 共通仮設費
        - 現場管理費
    - 一般管理費等
  - 消費税等相当額

純工事費 ＝ 直接工事費 ＋ 共通仮設費

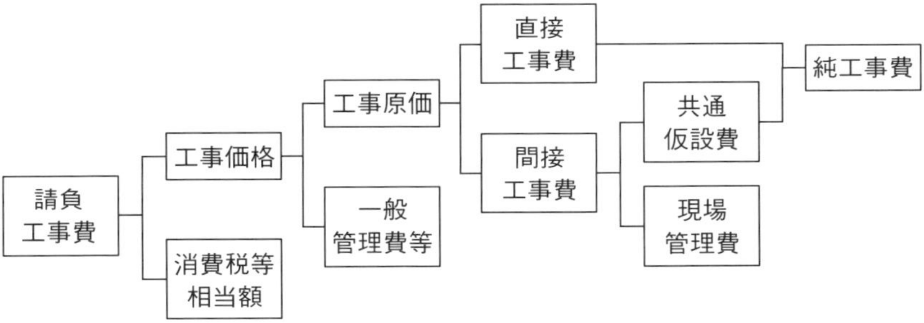

〈用語の解説〉

請負工事費：工事価格と消費税相当額（消費税及び地方消費税相当分）の合計

工事価格：工事原価と一般管理費等の合計

工事原価：直接工事費と間接工事費（直接工事費以外の工事費と経費）の合計

一般管理費等：工事施工にあたる企業の継続運営に必要な費用

直接工事費：材料費、労務費、直接経費の合計

間接工事費：直接工事費以外の工事費と経費で、共通仮設費と現場管理費の合計

共通仮設費：工事目的物の施工に間接的に係る費用（安全費等）

現場管理費：工事を管理するために必要な共通仮設費以外の経費

純工事費：直接工事費と共通仮設費の合計

3 9 ◎…鳥の目と虫の目で工事を「監理」する

▶▶監督員の役割

土木担当の多くは、**監督員の実務**を経験することになります。**土木工事標準仕様書等**は、監督員を定義していますので確認しておきましょう。

監督員の実務においては、工事現場の状況を把握するとともに、契約図書や関係法令等に基づいて工事の監理を行うことになります。具体的には、工事の進捗に応じた**立会**、**段階確認**、各種の検査を行い、必要に応じて**指示**、**承諾**や**協議**を行いながら監理します。また、設計変更や補正予算措置が必要な場合には、上司や先輩に報告・連絡・相談しながら事務を進めましょう。

■群馬県土木工事標準仕様書

1-1-1-2　用語の定義

1. 監督員

本標準仕様書で規定されている監督員とは、「監督員規程」に定める監督業務を担当し、受注者に対する**指示**、**承諾**または**協議**の処理、工事実施のための詳細図等の作成及び交付または受注者が作成した図面の**承諾**を行い、また、契約図書に基づく工程の管理、**立会**、**段階確認**、工事材料の試験または検査の実施（他のものに実施させ当該実施を確認することを含む）を行い、関連工事の調整、設計図書の変更、一時中止または打切りの必要があると認める場合における所属長への報告を行う者で監理監督員と監督員を総称していう。（以下、省略）

なお、監督員の定義の中に出てくる用語の意味は重要なので、理解しておく必要があります。

指示とは、契約図書の定めに基づき、監督員が受注者に対し、工事の施工上必要な事項について書面をもって示し、実施させることです。**承諾**とは、契約図書で明示した事項について、発注者若しくは監督員または受注者が書面により同意することです。**協議**とは、書面により契約図書の協議事項について、発注者または監督員と受注者が対等の立場で合議し、結論を得ることです。**立会**とは、契約図書に示された項目について、監督員が臨場し内容について確認することです。**段階確認**とは、設計図書に示された施工段階において、監督員が臨場等により、出来形、品質、規格、数値等を確認することです。

▶▶受注業者との調整・準備等

工事の受注業者が決定すると、受注業者の現場代理人との工事打合せがあります。現場代理人との初めての工事打合せでは、**着手時期、設計や現場の留意点、地権者・関係機関との調整事項、図面・測量データの提供等の内容**を打合せすることになります。その他、工事発注までの経緯から、現場代理人に早めに伝えておくべき内容を伝えておきます。なお、工事着手に際しては、周知のための各種通知が必要になりますので、**回覧や通知等の時期**についても調整しておきましょう。

工事の発注者としては、事故を未然に防ぐために受注業者と十分に調整・準備することが重要です。例えば、現場の周辺環境や危険個所に対する対策を計画しておくことが挙げられます。また、工事の影響を最小限に抑えるため、周辺住民や事業者に対して事前に回覧板等による周知を図ることも重要です。

そして、工事の施工に際しても、十分な安全管理を行いながら進捗を図ることになります。しかし万が一、事故が発生して第三者に危害を与えてしまった場合には、直ちに応急措置を行うとともに、上司や関係機関への連絡を行います。また、速やかにその原因を調査して、同様の事故が再発しないような対策を講じなければなりません。

▶▶支障物の立会等

工事を進める際に支障物となる可能性がある施設等については、**その所有者又は管理者との立会**を実施し、対応を協議します。まずは**測量・設計業務の成果**を確認し、地中埋設物の切回し等が必要かどうかを把握し、現場を確認しておくことが重要になります。また、工事現場周辺に遺跡等がある可能性があれば、埋蔵文化財の調査が必要な場合があるため、文化財保護の担当課に相談しましょう。

図表48は、これらの留意事項を整理した**立会チェックリストの例**を示しています。こうしたチェックリストを活用しながら、工事着手前の確認漏れを防ぐようにしましょう。

図表48　立会チェックリストの例

- □ 上水道施設：上水道の担当課
- □ 下水道施設：下水道の担当課
- □ ガス施設：ガス会社
- □ 電気施設：電力会社・ＮＴＴ
- □ 用水施設：用水の担当課・地元水利組合・土地改良区
- □ 埋蔵文化財：文化財保護の担当課

▶▶「虫の目」で現場を確認する

監督員は、施工中の現場における**工程管理**、**出来形**（できがた）**管理**、**品質管理**、**安全管理等**が適切に実施されているか定期的に確認します。また、工事の段階確認においては、受注業者が作成した施工計画書に記載されている項目について、細かく確認することになります。

なお、監督員は、現場代理人に対し、**指示**、**承諾**または**協議**をするときは、**工事打合せ書**という書面をもって行わなければなりません。この工事打合せ書は、発注者と受注者が工事の施工状況等について、お互いに確認し、記録しておく重要な書類になります。

▶▶設計変更に対応する

設計図書と現場の条件等が異なる場合には、工事打合せ書を作成し、発注者・受注者、双方の同意のもとで**設計変更**を行います。自治体が設計変更に係るマニュアルやガイドラインを定めている場合は、これらを参考に設計変更の図書を作成します。

設計変更を行う際は、事前に契約の担当課へ相談し、**変更理由**についても相談しておきましょう。契約の担当課では、同じような相談をたくさん受けていることが多く、適切な助言をもらえるはずです。

なお、設計変更を行う際には、全ての変更内容についての工事打合せ書が揃っているかを確認しておきましょう。

▶▶「鳥の目」で現場を俯瞰する

工事の監理を担当したことのない土木担当には、すぐに工事の監理を要領よく行うことは難しいでしょう。このため、上司や先輩と一緒に行動しつつ、実務のポイントを教えてもらいましょう。

また、工事現場や施工機械のイメージが持てない場合は、積極的に工事現場へ足を運ぶことや『改訂７版　土木施工の実際と解説　上巻・下巻』『改訂２版　橋梁補修の解説と積算』（ともに建設物価調査会）に目を通しておくことをお勧めします。

そして、工事現場に行った際は、現場周辺も確認しておきましょう。特に注意して確認しておきたい内容は、**近隣住民が利用する生活道路や歩道への影響、振動、騒音や粉塵等**です。これらは、工事中に苦情を受けることが多い内容です。

いつでも**住民目線**を忘れずに、広く俯瞰する「鳥の目」と問題を見逃さない「虫の目」の**複眼で工事を監理すること**を心掛けましょう。

3 10 ◎…完成・検査・引渡しを「先読み」して行動する

▶▶工事の完成に向けて

土木担当は、実施工程表や工事進捗を確認しつつ、全ての工事の完成が近づいてきたら、**工事完成検査等**の準備を始める必要があります。請負工事費が一定額を超える工事については、**工事成績評定書**を作成するとともに、契約の担当課の検査員による**検査**が行われます。

この検査の流れは、**書類検査**と**現場検査**の２つになります。必要な書類は、設計図書により義務付けられた**工事記録写真**、**出来形管理資料**、**工事関係図**及び**工事報告書**等になります。

まずは、受注業者に完成予定日を確認した上で、工事完成検査のために検査員と日程を調整します。特に年度末には、工事完成検査が集中してしまうため、調整が遅くなると検査員の日程確保が難しくなります。**工事完成検査を先読み**して、早めに調整を始めましょう。

▶▶工事完成検査の万全を期する

工事の受注業者から工事完成通知書が提出されたら、工事完成検査を受けます。検査内容については、土木工事標準仕様書等に定められているので確認しておきましょう。

例えば、「検査員は、監督員及び受注者の臨場の上、工事目的物を対象として契約図書と対比し、以下の各号に掲げる検査を行うものとする。」というように、まずは検査方法が示されているでしょう。

そして、「**工事の出来形について、形状、寸法、精度、数量、品質及び出来ばえ**」「**工事管理状況に関する書類、記録及び写真等**」「週休２日の履行状況」等のように具体的な検査内容が示されていると思います。これらの内容について検査員から質問された際には、速やかに資料を説明しましょう。

さまざまな質問の中でも、特に**工程管理、出来形管理、品質管理、安全管理、工事打合せ書、段階確認、工事記録写真等**については、検査員からの質問が予想されるため、内容をよく確認して検査を受けるようにしましょう。

書類検査が終われば、現場で出来ばえの確認や出来形の測定を行う現場検査を受けます。そして、これらの**工事完成検査で合格**となれば、**引渡書による引渡し**を受けます。

▶▶地目変更や公有財産異動調書の事務も忘れずに

工事が完了し、道路が公衆用道路として利用できる状態になれば、**地目変更の登記**(ちもく)を行います。本章の事例では、6人の地権者から土地の一部を分筆・取得したため、**各土地の地目（宅地や畑）**から**公衆用道路**に変更することになります。地目変更の登記の際は、管財課等の登記担当課へ依頼しますので、必要な書類を確認しておきましょう。

なお、不動産登記法37条1項は、**地目に変更があったときには、その変更があった日から1月以内に地目変更登記を申請しなければならない**と定めています。この地目については、不動産登記規則99条に**23種類**が定められており、その中の1つが**公衆用道路**になります。

■不動産登記法

（地目又は地積の変更の登記の申請）

第37条　**地目又は地積について変更があったときは**、表題部所有者又は所有権の登記名義人は、**その変更があった日から一月以内に**、当該地目又は地積に関する**変更の登記を申請しなければならない**。

2　（略）

■不動産登記規則

（地目）

第99条　地目は、土地の主な用途により、田、畑、宅地、学校用地、鉄道用地、塩田、鉱泉地、池沼、山林、牧場、原野、墓地、境内地、運河用地、水道用地、用悪水路、ため池、堤、井溝、保安林、**公衆用道路**、公園及び雑種地に区分して定めるものとする。

また、公衆用道路への地目変更登記の完了後、市町村道の管理担当課への**所管換えの手続**を行う必要があります。例えば、道路整備課から道路管理課への所管換え等です。各自治体が定める財務規則等に基づき、市町村道の整備担当課から管理担当課へ所管換えを行うため、**公有財産異動調書の作成・提出**も忘れずに行っておきましょう。

■伊勢崎市財務規則

（所管換え）

第226条　主管部長等は、公有財産の効率的な使用又は処分のため必要があると認めるときは、次に掲げる事項を記載した書類により市長の決裁を受け、その所管に属する公有財産を他の主管部長等に所管換えをすることができる。

(1)　当該公有財産の財産台帳登載事項

(2)　所管換えを必要とする理由

(3)　関係図面

(4)　その他参考となる事項

2　前項の規定により所管換えの決裁を受けたときは、主管部長等は、直ちに**公有財産異動調書**（様式第117号アから様式第121号エまで）を作成し、他の主管部長等に引き継がなければならない。

第4章

道路管理のポイント

4｜1 ◎…「道路」って何だろう？

▶▶道路とは

道路とは、**一般交通の用に供する道のこと**です。そして、国土の開発、国民経済の発展、生活水準の向上等を図るための最も基本的な社会資本といえます。この道路には、**トンネル、橋、渡船施設、道路用エレベーター等の道路と一体になっている施設や道路の附属物等**も含まれます。

まず道路の全体的なイメージをつかむことが大切なので、図表49に沿って説明します。

大小さまざまな道路は、人や物が出発地から目的地に到着するまでの交通を支える**道路ネットワーク**を形成しています。道路には、遠距離の交通に利用されることが多い高速自動車国道や一般国道のほか、近距離の交通に利用されることが多い都道府県道や**市町村道**があります。

これらの道路は、網の目のようにつながっており、私たちはさまざまな利用目的に応じて、経路を選択して利用することができます。

図表49　道路ネットワークのイメージ

図表 50　道路の機能

（1）交通機能

・通行機能
・アクセス機能
・滞留機能

（2）空間機能

・市街地形成機能
・環境空間機能
・収容空間機能
・賑わい空間機能
・防災空間機能

そして、これらの道路の機能には、図表50のように大きく分けて⑴**交通機能**と⑵**空間機能**の２つがあります。⑴**交通機能**の中には、安全・円滑・快適に通行できる通行機能、沿道施設に容易に出入りできるアクセス機能、自動車や歩行者が留まることができる滞留機能があります。また、⑵**空間機能**の中には、都市の骨格を形成する市街地形成機能、緑化・景観形成・沿道環境保全のための環境空間機能、交通施設・ライフライン等の収容空間機能、歩行者が留まり交流する賑わい空間機能、延焼防止等のための防災空間機能があります。

▶▶道路の設計

土木担当の重要な実務の１つとして**道路の設計**があります。市町村道の道路管理者として道路の設計を行う際には、各自治体が定めている**道路構造条例**に基づいて実施することになります。この道路構造条例は、**道路構造令**という政令を参考にして定められています。

このように、自治体は道路構造令を参考にしながら道路構造条例を制定・改正していますが、各地域の実情に配慮した弾力的な運用を図るため、条例で独自の内容を定めている場合もあります。

このため、皆さんの職場が所管している道路構造条例の規定に目を通すことに併せて、都道府県が定めている道路構造条例や道路構造令との規定の違いについても確認しておくとよいでしょう。

▶▶道路の区分

道路構造令３条や道路構造条例では、**道路の区分**を定めています。この道路の区分により、例えば「第４種第１級」と決まれば、その区分に応じた車線数や車線の幅員等の道路の構造が決まります。そこで本書では、同令３条による**市町村道の区分**について解説します。

まず道路の区分は、図表51のとおり、第１種から第４種までに分かれます。市町村道は、「その他の道路」に該当しますので、多くの土木担当は、第３種か第４種の道路を担当することになります。

第３種の道路は、**地方部**に存する道路であり、**第４種の道路**は、**都市部**に存する道路を意味しています。**都市部とは「市街地を形成している地域又は市街地を形成する見込みの多い地域」**であり、**地方部とは「都市部以外の地域」**です（同令２条20・21号）。

第３種と第４種の道路は、さらにいくつかの級に区分されます。例えば図表52のとおり、**第３種の市町村道**は、道路の存する地域の地形や計画交通量に応じて、**第２級から第５級までに区分**されます。この計画交通量とは「道路の設計の基礎とするために、当該道路の存する地域の発展の動向、将来の自動車交通の状況等を勘案して定める自動車の日交通量」のことです（同令２条22号）。

また、図表53のとおり、**第４種の市町村道**は、計画交通量に応じて、**第１級から第４級までに区分**されます。

第３章で解説した生活道路の多くは、計画交通量が少ない第３種第５級の道路です。第３種第５級の道路は「１車線道路」と呼ばれており、車道には車線の構成がありません（同令５条１項）。

図表51　道路の区分（第１種～第４種）

道路の存する地域／道　路　の　別	地方部	都市部
高速自動車国道及び自動車専用道路	第１種	第２種
そ　の　他　の　道　路	第３種	第４種

図表52　第3種の道路の区分（第1級～第5級）

道路の種類	計画交通量（単位1日につき台） 道路の存する地域の地形	20,000以上	4,000以上 20,000未満	1,500以上 4,000未満	500以上 1,500未満	500未満
一般国道	平地部	第1級	第2級	第3級		
	山地部	第2級	第3級	第4級		
都道府県道	平地部	第2級		第3級		
	山地部	第3級		第4級		
市町村道	平地部	第2級		第3級	第4級	第5級
	山地部	第3級		第4級		第5級

図表53　第4種の道路の区分（第1級～第4級）

計画交通量（単位1日につき台） 道路の種類	10,000以上	4,000以上 10,000未満	500以上 4,000未満	500未満
一般国道	第1級		第2級	
都道府県道	第1級	第2級	第3級	
市町村道	第1級	第2級	第3級	第4級

▶▶歩道のある道路の構造

道路の構造については、道路の区分によって車線数等の構成要素が決まっていきます。

道路の構造の詳細は、道路構造条例に基づいて設計することになりますが、図表54の**道路の一般的な名称と意味**を知っておくと実務が円滑に進みやすくなります。

そこで、この図表にも目を通しながら、さっそくいくつかの道路の構造を見てみましょう。

図表 54　道路の一般的な名称と意味

名称	意味
車道	専ら車両の通行の用に供することを目的とする道路の部分（自転車道を除く）
路肩	道路の主要構造部を保護し、又は車道の効用を保つために、車道、歩道、自転車道又は自転車歩行者道に接続して設けられる帯状の道路の部分
歩道	専ら歩行者の通行の用に供するために、縁石線又は柵その他これに類する工作物により区画して設けられる道路の部分
中央（分離）帯	車線を往復の方向別に分離し、及び側方余裕を確保するために設けられる帯状の道路の部分
自転車通行帯	自転車を安全かつ円滑に通行させるために設けられる帯状の車道の部分
植樹帯	専ら良好な道路交通環境の整備又は沿道における良好な生活環境の確保を図ることを目的として、樹木を植栽するために縁石線又は柵その他これに類する工作物により区画して設けられる帯状の道路の部分
自転車道	専ら自転車の通行の用に供するために、縁石線又は柵その他これに類する工作物により区画して設けられる道路の部分
自転車歩行者道	専ら自転車及び歩行者の通行の用に供するために、縁石線又は柵その他これに類する工作物により区画して設けられる道路の部分
側帯	車両の運転者の視線を誘導し、及び側方余裕を確保する機能を分担させるために、車道に接続して設けられる帯状の中央帯又は路肩の部分
停車帯	主として車両の停車の用に供するために設けられる帯状の車道の部分
路上施設	道路の附属物（共同溝及び電線共同溝を除く）で歩道、自転車道、自転車歩行者道、中央帯、路肩、自転車専用道路、自転車歩行者専用道路又は歩行者専用道路に設けられるもの

図表55は、**歩道のある道路の構造**を示しています。この道路は、車道が4車線分あるため、**4車線**の道路ということになります。この道路の中央には**中央分離帯**があり、車線を往復の方向別に分離しています。

また、**車道**の外側には**路肩**があり、車道や歩道等の道路の主要な構造部を保護しています。路肩の外側には**歩道**があります。このような道路は、比較的交通量の多い、幹線道路のイメージになります。

▶▶歩行者利便増進施設のある道路の構造

図表56は、賑わいのある道路空間を構築するための**歩行者利便増進**

図表 55　歩道のある道路の構造

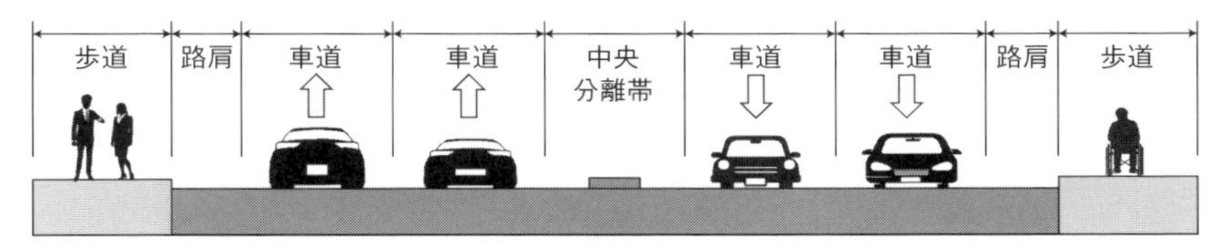

出典：国土交通省資料をもとに作成

図表 56　歩行者利便増進施設のある道路の構造

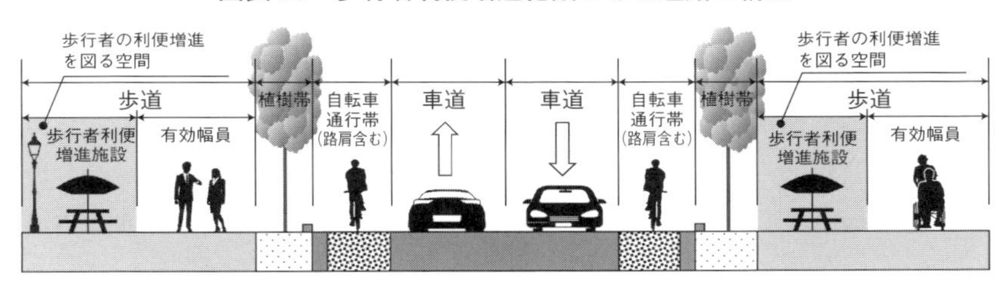

出典：国土交通省資料をもとに作成

施設のある道路の構造を示しています。

歩行者利便増進施設とは、歩行者の利便の増進に資する工作物等であり、具体的にはベンチや街灯等が挙げられます（道路法33条2項3号、同法施行令16条の2）。

2車線の車道の横には、路肩を含む**自転車通行帯**があります。路肩よりも外側には、**植樹帯**が設けられています。この植樹帯は、良好な道路交通環境の整備や沿道の良好な生活環境を確保する役割があります。

植樹帯よりも外側に位置している部分が**歩道**になります。歩道の**有効幅員**は、人や車椅子等の通行に支障のない幅員を確保することが望ましく、現地の状況や道路の特性を考慮して検討する必要があります。

なお、図表56の道路の構造以外には、自転車の通行のために区画して設ける**自転車道**、自転車及び歩行者の通行のために区画して設けられる**自転車歩行者道**を設置している場合があります。また、車両の運転者の視線を誘導する**側帯**、車両が停車するための**停車帯**、道路の附属物である**路上施設**が設置されていることがあります。

4 2 ◎…「道路法」の法体系

▶▶道路法の法体系

図表57は、**道路法の法体系のイメージ**を示しています。

まず、図表の左側を見てみましょう。上から順に、法律、政令、省令として、**道路法、道路法施行令、道路法施行規則**が並んでいます。

また、政令と省令については、括弧内のように**道路構造令**やその規定に基づく**道路構造令施行規則**等があります。道路構造令や同令施行規則は、市町村の道路管理者が条例で市町村道の構造の技術的基準を定めるに当たって参酌すべき**一般的技術的基準**を定めています。

図表57　道路法の法体系のイメージ

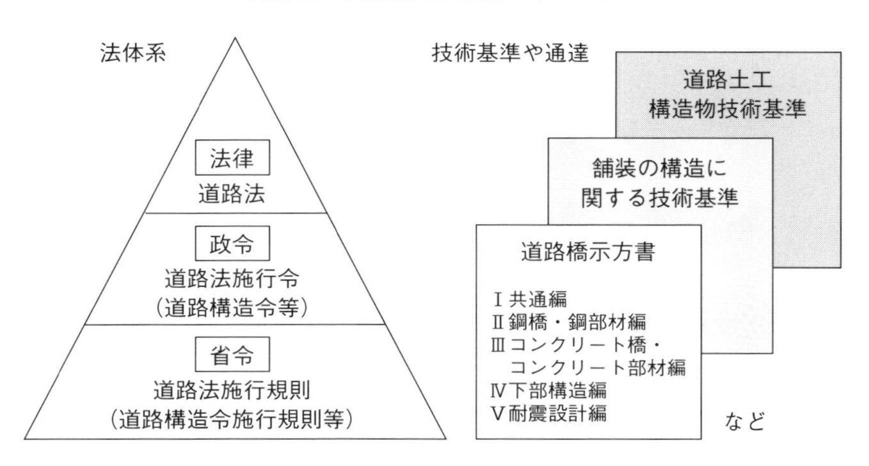

▶▶道路の技術基準や通達

道路の技術基準は、とても多岐に渡っています。例えば、図表57の右側には、技術基準や通達の一部を示しました。

先ほど、道路構造令や同令施行規則について触れましたが、橋や高架の道路等の技術基準としては、**道路橋示方書**（きょうしほうしょ）があります。この道路橋示方書は、大きな震災等の発生によりたびたび改定されてきました。

それ以外にも、重要な技術基準の例としては、舗装の設計及び施工に必要な技術基準を定める**舗装の構造に関する技術基準**や道路土工構造物を新設し、又は改築する場合における一般的技術基準を定める**道路土工構造物技術基準**があります。土木担当の実務を行う上では、これらに基づく**『舗装設計便覧』**や**『道路土工』**（ともに日本道路協会）といった書籍のほうが、馴染みがあるかもしれません。

▶▶道路の技術基準の体系

皆さんの執務室の本棚には、きっと赤色、茶色、灰色等の色彩豊かな技術基準が並んでいるはずです。これらの技術基準の名称は似ているものが多く、最初は何から読んだらよいかわからないと思います。

「これらの技術基準は、どんなときに読むのだろう？」と疑問に思ったら、まず国土交通省ウェブサイトから最新の情報を得ましょう。

次ページに示す図表58は、以下の国土交通省ウェブサイトに公開されている「道路技術基準の体系」です。

この体系を見ると、道路法や道路交通法に基づく政令・省令・告示だけでなく、技術基準が定められている道路構造物を網羅することができます。

〈ウェブサイト〉
国土交通省「道路技術基準の体系」
https://www.mlit.go.jp/road/sign/kijyun/taikei01.html

図表 58　道路技術基準の体系

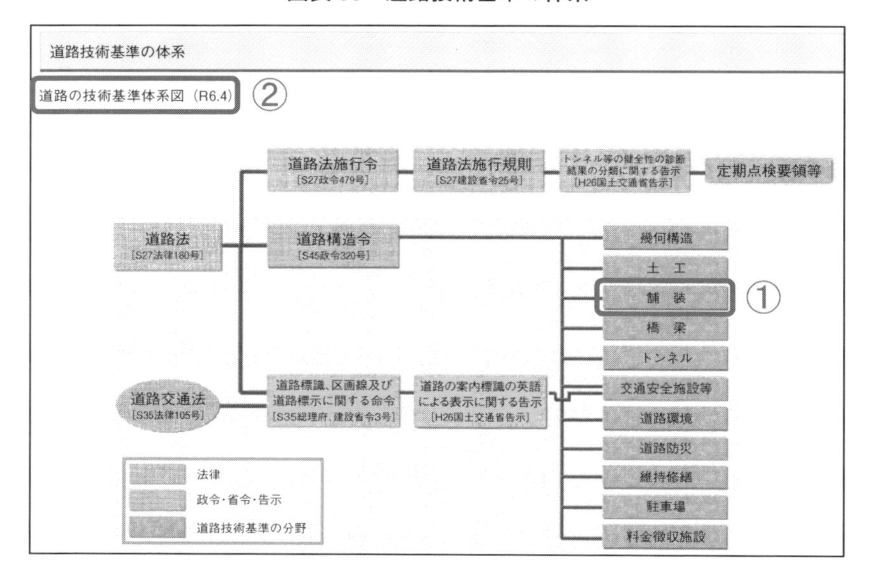

出典：国土交通省ウェブサイト

▶▶膨大な技術基準を調べるコツ

図表 58 のウェブサイトを閲覧した際にぜひ確認してもらいたいことがあります。例えば、皆さんが「舗装」についての技術基準を調べたい場合には、この画面右端にある①の「舗装」の部分をクリックしてみてください。そうすると、図表 59 のように舗装の構造に関する技術基準が画面に表示されます。

図表 58 の「道路構造令」の下の階層には、右上から順に「幾何構造」から「料金徴収施設」までが並んでおり、これらをクリックして全ての技術基準を調べることもできます。

さらに、より詳細な技術基準類の関係を調べたい場合には、図表 58 の左上にある②の「道路の技術基準体系図（R6. 4）」の部分をクリックしてみてください。

そうすると、「道路の技術基準類体系図（令和 6 年 4 月）」という PDF データが表示され、約 50 ページにわたる**技術基準類体系図**の資料

図表59　舗装の構造に関する技術基準

道路技術分野（舗　装）	
舗装の構造に関する技術基準	[H13 都市・整備局長、道路局長]
舗装の構造に関する技術基準・同解説	[H13 日本道路協会]
舗装設計施工指針	[H18 日本道路協会]
舗装性能評価法	[H20 日本道路協会]
舗装設計便覧	[H18 日本道路協会]
舗装施工便覧	[H18 日本道路協会]
舗装再生便覧	[H22 日本道路協会]
舗装調査・試験法便覧	[H19 日本道路協会]
アスファルト混合所便覧	[H8 日本道路協会]

通達
要綱・指針等

出典：国土交通省ウェブサイト

を確認することができます。

具体的には、例えば図表59に示された技術基準類の関係やその他のガイドブック等についても紹介されています。

こうして、各道路構造物の技術基準を調べることができたら、あとは執務室にある技術基準をゆっくり読んでみてください。

また補足としては、自治体が独自に定めている道路構造条例等の条例や規則も重要です。皆さんの職場が所管している例規を理解しておくことは、道路の整備・管理の実務を行う上でとても重要です。早めに目を通しておきましょう。

4 3 ◎…「道路法」の目的って何だろう？

道路法の目的（道路法1条）

道路法は、**道路の整備・管理に関する基本法**です。同法１条は、この**法律の目的**を定めており、道路網の整備を図るため各種事項を定め、**交通の発達に寄与し、公共の福祉を増進すること**としています。

■道路法

（この法律の目的）

第１条　この法律は、**道路網の整備を図るため、道路に関して、路線の指定及び認定、管理、構造、保全、費用の負担区分等に関する事項を**定め、もつて**交通の発達に寄与し、公共の福祉を増進することを目的**とする。

関連法（道路交通法と道路運送法）の目的

道路法と関連する主な法律としては、**道路交通法**と**道路運送法**の２つがあり、本章でもその内容に触れています。そこで、これらの法律との目的の違いについても少しだけ解説しておきましょう。

道路交通法の目的は「道路における危険を防止し、その他交通の安全と円滑を図り、及び道路の交通に起因する障害の防止に資すること」としています（同法１条）。この法律は、**道路における危険防止、安全・円滑、障害防止**を目的としていることが理解できます。

道路運送法の目的は、「道路運送事業の運営を適正かつ合理的なものとし、並びに道路運送の分野における利用者の需要の多様化及び高度化に的確に対応したサービスの円滑かつ確実な提供を促進することにより、輸送の安全を確保し、道路運送の利用者の利益の保護及びその利便の増進を図るとともに、道路運送の総合的な発達を図り、もつて公共の福祉を増進すること」としています（同法1条）。この法律は、主に**道路運送の総合的な発達**を目的としていることが理解できます。

▶▶道路の定義（道路法2条）

道路法2条1項は、**道路の定義**を定めています。少し長い定義ですが「道路とは、**一般交通の用に供する道**で、**トンネル、橋、渡船施設、道路用エレベーター等道路と一体となってその効用を全うする施設又は工作物**及び**道路の附属物で当該道路に附属して設けられているもの**を含むもの」としています。

この規定における**道路の附属物**とは「道路の構造の保全、安全かつ円滑な道路の交通の確保その他道路の管理上必要な施設又は工作物」のことです（同法2条2項）。

そして、同法2条2項各号は、具体的な道路の附属物を定めています。例えば、**柵、駒止め、並木、街灯、道路標識、道路元標（げんぴょう）、里程（りてい）標、道路情報管理施設、自動運行補助施設、常置場（じょうちじょう）、自動車駐車場、自転車駐車場、特定車両停留施設、共同溝、電線共同溝等**です。

この道路の定義の留意点としては2つあります。1つ目は、同法2条2項10号による「政令で定めるもの」があるということです。これは、同法施行令34条の3が定めるものであり、**防雪・防砂施設、ベンチ又はその上屋（うわや）、誘導施設、鏡、地点標、料金徴収施設等**です。

2つ目は、道路の附属物の規定の中に「設置主体による限定があるもの」があるということです。例えば、**並木、街灯**（同法2条2項2号）は、「道路上の並木又は街灯で第18条第1項に規定する道路管理者の設けるもの」と設置主体による限定があるため、道路管理者以外が設置する並木、街灯は、道路の附属物ではなく占用許可を要する物件になります。

4 ◎…道路法による「道路の種類」

▶▶道路法による道路の種類（道路法3条）

道路法３条各号は、**道路法による道路の種類**として、**高速自動車国道**、**一般国道**、**都道府県道**、**市町村道**の４種類を定めています。図表60は、道路法による道路の種類であり、定義と道路管理者を併記しています。

なお、高速自動車国道の定義については、道路法の関連法である高速自動車国道法４条に定められています（道路法３条の２）。

図表60　道路法による道路の種類

道路の種類		定　義	道路管理者
高速自動車国道 【道路法３条１号】		全国的な自動車交通網の枢要部分を構成し、かつ、政治・経済・文化上特に重要な地域を連絡する道路その他国の利害に特に重大な関係を有する道路 【高速自動車国道法４条】	国土交通大臣
一般国道 【道路法 ３条２号】	直轄国道 （指定区間）	高速自動車国道と併せて全国的な幹線道路網を構成し、かつ一定の法定要件に該当する道路 【道路法５条】	国土交通大臣
	補助国道 （指定区間外）		都府県 （政令市）
都道府県道 【道路法３条３号】		地方的な幹線道路網を構成し、かつ一定の法定要件に該当する道路 【道路法７条】	都道府県 （政令市）
市町村道 【道路法３条４号】		市町村の区域内に存する道路 【道路法８条】	市町村

出典：国土交通省資料をもとに作成

図表60の定義を見比べると、**市町村道の定義**が最も簡潔で「市町村

の区域内に存する道路」であることがわかります。また、一般国道や都道府県道は、市町村道とは異なり「幹線道路網を構成するものであること」や「一定の法定要件に該当する道路であること」がわかります。

市町村道は、その他の道路の種類とは異なり、大小さまざまな道路が毛細血管のように存在しています。このため、道路法では細かい法定要件を定めておらず、市町村が総合的に判断して市町村道を認定することが可能になるように配慮されています。

図表60の中でも、皆さんがあまり聞き慣れない用語と思われる、**直轄国道**と**補助国道**について、補足しておきましょう。**直轄国道**とは、「一般国道の指定区間を指定する政令」で指定された区間内の国道を指し、**主に2桁までの番号の国道**をいいます。例えば、国道50号等の「2桁国道」は直轄国道に該当しています。**補助国道**とは、同政令で指定された区間外の国道を指し、**主に3桁の番号の国道**をいいます。例えば、国道354号等の「3桁国道」は補助国道に該当しています。

▶▶道路の私権制限（道路法4条）

道路法4条は「道路を構成する敷地等については、私権が制限される」ことを定めています。この制限を受ける範囲は、同法18条1項により道路管理者が決定する道路区域（後ほど102ページで解説します）の範囲になります。また、ただし書きにおいては、敷地等の所有権移転、抵当権設定・移転があっても、私権は制限され続けるため道路の供用には影響がないことから、これらを妨げないことを定めています。

■道路法

（私権の制限）

第4条　道路を構成する敷地、支壁その他の物件については、**私権を行使することができない**。但し、所有権を移転し、又は抵当権を設定し、若しくは移転することを妨げない。

▶▶さまざまな関係法令による道路

道路管理の事務を進める上では、道路法による道路ではない、いわゆる**関係法令等による道路**についても理解しておくとよいでしょう。

そこで、図表61には、道路法による道路以外の**関係法令等による道路**を整理しました。道路の種類に併せて、その関係法令や概要を示しています。

土木担当の実務では、45ページ図表30で解説した**里道**に関する事務が最も多いかと思いますが、図表61のさまざまな道路についても予備知識として知っておくとよいでしょう。

▶▶建築基準法による道路

図表61の道路以外では、具体的な道路名称はありませんが、**建築基準法による道路**があります。これは、建築基準法42条が定める道路として、実務を行う上で知っておきたい道路です。この条文は長いため、引用せず概要のみ解説しますので、詳しく知りたい場合は建築基準法の規定を確認してください。

まず、建築基準法42条1項は、「**道路**とは、**次の各号**のいずれかに該当する**幅員4メートル**（都道府県都市計画審議会の議を経て指定する区域内においては、6メートル。）**以上のもの**」と定めています。「**次の各号**」としては、道路法による道路（1号）、都市計画法等による道路（2号）、既存道路（3号）、2年以内の事業執行予定道路（4号）、位置指定道路（5号）が定められています。

実務上よく聞く道路としては、**2項道路**（みなし道路）もあります。これは、同法42条2項による道路のことであり、建築物を建築する場合には**接道義務**がある（道路に接して建築しなければならない）ため、幅員4メートル未満の道路でも道路として扱うものです。

この2項道路は、実際の幅員が4メートル未満ですので、道路の中心線から2メートル離れた線を道路の境界とみなし、建築物を建築する際にはその境界まで後退しなければなりません（このことを「セットバック」といいます)。

この後退用地等を含めた道路用地の寄附に係る受入れ等については、自治体による基準を定めて、ウェブサイト等で公表している場合があるため、確認しておきましょう。

図表61　関係法令等による道路

( )：関係法令の定義規定にはないものの、その道路を定める関係法令やその概要を示すもの

道路の種類	関係法令	概要
自動車道	道路運送法 2条8項	専ら自動車の交通の用に供することを目的として設けられた道で道路法による道路以外のもの
一般自動車道	道路運送法 2条8項	専用自動車道以外の自動車道
専用自動車道	道路運送法 2条8項	自動車運送事業者が専らその事業用自動車の交通の用に供することを目的として設けた道
(臨港交通施設)	(港湾法 2条5項4号)	(臨港交通施設の1つとして「道路」が定められている)
(農業用道路)	(土地改良法 2条2項1号)	(土地改良事業の1つとして「農業用道路」が定められている)
(林道)	(森林法 4条2項4号)	(全国森林計画に定めるものの1つとして「林道」の開設その他林産物の搬出に関する事項が定められている)
(公園事業道路等)	(自然公園法 施行規則 11条4項9号)	(公園事業に係る道路又はこれと同程度に当該公園の利用に資する道路として「公園事業道路等」が定められている)
(園路)	(都市公園法 2条2項1号)	(公園施設の1つとして「園路」が定められている)
(里道)	—	(道路法による道路に認定されていない道路のうち、公図上、赤い帯状の線で表示されているもの)
(私道)	—	(道路法による道路に認定されていない道路のうち、敷地所有権が私人に属するもの)

出典：国土交通省資料をもとに作成

▶▶災害時の要となる緊急輸送道路を守る

緊急輸送道路は、災害直後からの避難・救助をはじめ、物資供給等の応急活動のために緊急車両の通行を確保すべき重要な路線で、高速自動車国道や一般国道及びこれらを連絡する基幹的な道路のことです。

国土交通省ウェブサイト「緊急輸送道路」には、「都道府県別・道路種別別の緊急輸送道路延長」や道路防災情報 Web マップ等が整理されています。これによれば、令和５年３月 31 日時点での**全国の緊急輸送道路延長は、合計で約 11 万キロメートル**となっています。さまざまな緊急輸送道路延長が一覧表に整理されているので、担当する地域等の緊急輸送道路について確認しておくとよいでしょう。また、緊急輸送道路には、利用特性によって**３つの区分**があり、それぞれの意味は次のとおりです。

⑴第１次緊急輸送道路ネットワーク

県庁所在地、地方中心都市及び重要港湾、空港等を連絡する道路

⑵第２次緊急輸送道路ネットワーク

第１次緊急輸送道路と市町村役場、主要な防災拠点（行政機関、公共機関、主要駅、港湾、ヘリポート、災害医療拠点、自衛隊等）を連絡する道路

⑶第３次緊急輸送道路ネットワーク

その他の道路

〈ウェブサイト〉
国土交通省「緊急輸送道路」
https://www.mlit.go.jp/road/bosai/measures/index3.html

なお、緊急輸送道路は、災害対策基本法 40 条に基づき**都道府県が定める地域防災計画**や同法 42 条に基づき**市町村が定める地域防災計画**に

も位置付けられていますので、確認しておきましょう。

例えば、伊勢崎市地域防災計画には、緊急輸送道路が図表62のように示されています。

図表62　緊急輸送道路の例（伊勢崎市内）

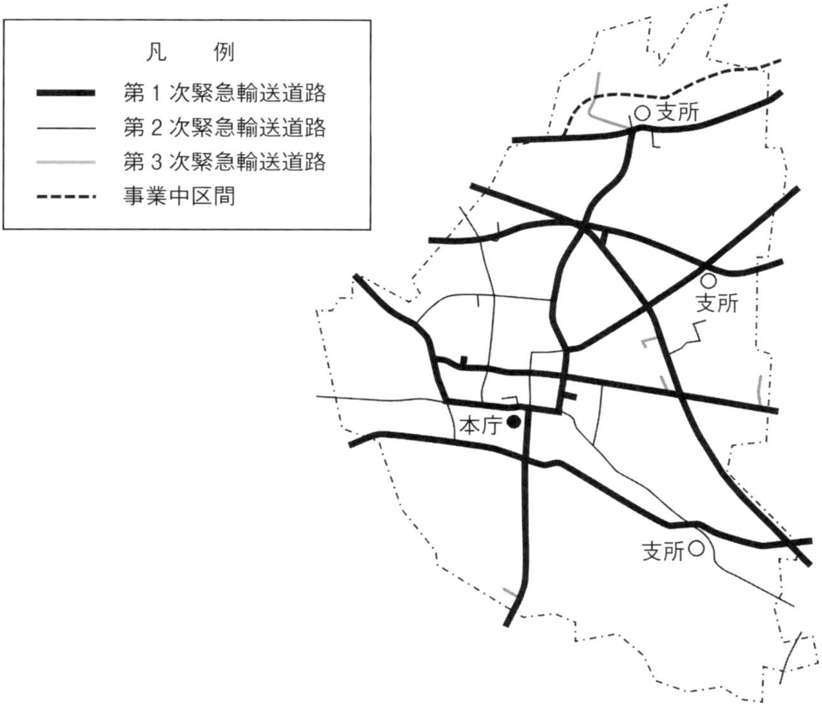

出典：伊勢崎市地域防災計画（資料編）をもとに作成

注意点としては、群馬県内の緊急輸送道路は第1次から第3次までに区分されますが、神奈川県内のように第1次と第2次の2つの区分としている場合もあり、**都道府県によって区分が異なる**ことです。

いずれにしても、災害時には緊急輸送道路のネットワークが確実に機能することが重要になりますので、これらの道路の維持管理には特に万全を期する必要があります。

4 5 ◎…路線の「認定」から「廃止」まで

▶▶道路の認定から廃止まで

道路は**人工公物**であるため、市町村道計画の立案を行ってから路線の認定を行い、その路線の廃止に至るまでの一連の流れがあります。図表63は、こうした**道路事業の流れ**を示しています。

まず市町村道計画の立案を行い、路線の認定とその公示を行います。道路法施行規則1条の2は、公示の手続として、図表64のような新たな路線の**起点や終点等**を明示する告示の様式等を定めています。

路線の認定後に区域の決定とその公示を行うと、その区域内での行為が制限されます。この制限が、95ページで解説した**私権の制限**ということになります（道路法4条）。

道路整備の着手後は、用地取得や道路工事を経て、供用の開始とその公示を行います。供用後は、道路台帳の整備や縦覧を行います。

その後は、長期に渡り道路の維持・修繕を行いますが、もし路線を廃止することになれば、路線の廃止とその公示を行います。

このように土木担当は、路線が認定されてから廃止に至るまで、道路法に基づく事務を行うことになります。

なお、第3章で解説した既存の生活道路の拡幅工事等では、図表64の**認定路線**のように、すでに路線の認定・公示や区域の決定・公示が行われている路線が主な対象になります。このため、拡幅工事等の整備事業に際して、新たに路線の認定等の事務を行う必要がないのが一般的です。そこで本章では、主に図表63の着色部の内容について解説します。「市町村道計画の立案」や「用地取得・道路工事」の内容については、第3章を確認してください。

図表63　道路事業の流れ

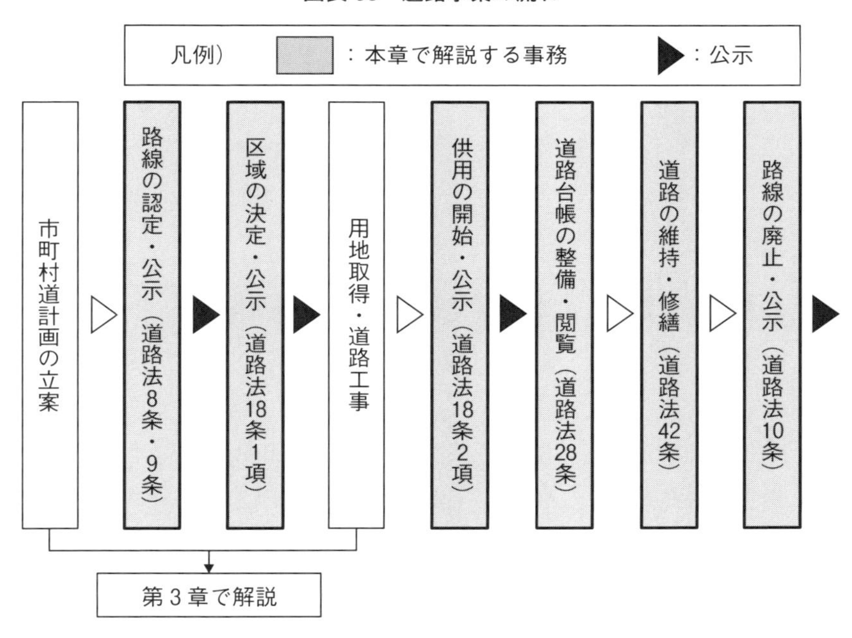

図表64　新たな路線の認定のイメージ

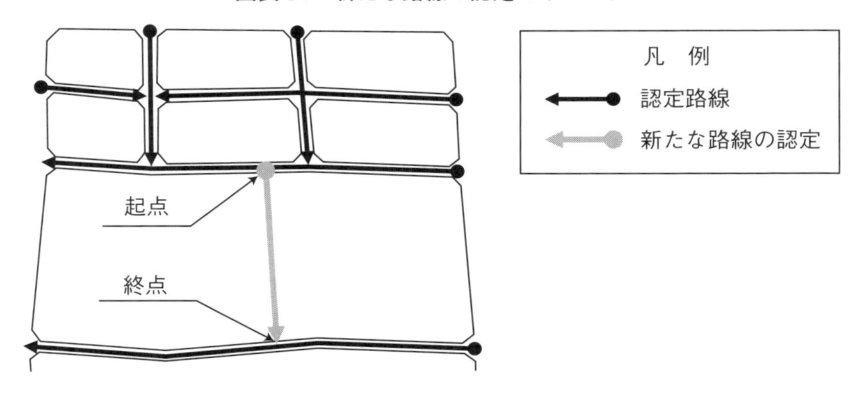

4 6 ◎…路線の認定と「区域」を決定する

▶▶路線の認定・公示（道路法8条、9条）

市町村道となるためには、⑴市町村の区域（行政区域）内の道路であり、⑵市町村長が**認定**したものであるという２つの要件を満たす必要があります（道路法８条１項）。また、市町村道を整備・管理するためには多額の費用を要するため、認定する場合には、あらかじめ当該市町村の議会の議決を経なければなりません（同法８条２項）。

なお、市町村道には、一般国道（同法５条）や都道府県道（同法７条）のような詳細な法定要件はありません。市町村道は、生活に密着した道路も多いため、地元住民の総意を反映して路線を認定できるよう配慮されていますが、自治体によっては**路線の認定の基準**を定めている場合があるため、確認しておきましょう。

そして、路線を認定した場合は、路線の認定を公示しなければなりません（同法９条）。これは、**路線名、起点、終点、重要な経過地その他必要な事項**を公示するもので、その様式等は道路法施行規則に定められています。市町村道を公示する場合は、**縮尺１万分の１程度**の図面に当該路線を明示することになります（同法施行規則１条の２第２項）。

▶▶区域の決定・公示（道路法18条1項）

道路管理者は、路線の認定が公示された後、遅滞なく、**道路の区域を決定**し、公示・縦覧しなければなりません（道路法18条１項）。

この道路の区域決定等の公示については、**道路の種類、路線名**のほか、**敷地の幅員や延長等**を明記します。また、公示する図面は、**縮尺千分の**

1以上のものと定められています（同法施行規則2条）。

道路の区域が決定されてから供用が開始されるまでの間は、道路管理者の許可を受けなければ、当該区域内での土地の形質変更、工作物の新築、改築、増築、大修繕、物件の付加増置ができません。これは、道路管理者が当該区域の土地の権原（けんげん）を取得する前にも、同様の制限がかかります（同法91条1項）。

▶▶供用の開始・公示（道路法18条2項）

区域の決定・公示が行われた後には、道路の用地取得や工事を経て**供用を開始**します。その際には、供用の開始の公示や縦覧の事務を行います（道路法18条2項）。

公示では、**路線名、供用開始又は廃止の区間、供用開始又は廃止の期日等**を明記します。また、公示する市町村道の図面は、**縮尺1万分の1程度**と定められています（同法施行規則3条）。

▶▶道路台帳の整備・閲覧（道路法28条）

道路管理者は、**道路台帳**を調製・保管する必要があり（道路法28条1項）、閲覧を求められた場合には応じる必要があります（同法28条3項）。道路台帳は、路線ごとに調書と図面で構成されるものであり、その記載事項は同法施行規則4条の2、様式は別記様式4に定められています。

また近年では、住民等へのサービス向上を図るため、**道路台帳図や認定路線網図等をウェブサイト上に公開する自治体も多くなっています。**

▶▶路線の廃止・公示（道路法10条）

路線の廃止とは、認定された路線の対象となっている道路の全部又は一部について、道路法上の道路ではないものにすることです（道路法10条1項）。この路線の廃止は、あらかじめ当該市町村の議会の議決を経なければならず、廃止した際には公示が必要です（同法10条3項）。

4 7 ◎…道路管理者によらない「承認工事」

▶▶承認工事（道路法24条）

承認工事とは、道路管理者以外の者が、道路管理者の承認を受けて行う道路に関する工事や道路の維持のことです（道路法24条1項)。「道路管理者以外の者」とは、同法18条1項による道路の管理者ではない者です。このため、私人はもとより、道路管理者以外であれば国、都道府県、市町村も承認工事を実施することがあります。また「道路に関する工事」とは、道路の新設、改築又は修繕に関する工事（同法20条1項）を意味しています。

承認工事の例としては、図表65のような施設の新設に伴い、車道からの出入口を設けるために行う「歩道の切り下げ」や「ガードレールの撤去」等があります。

図表65　承認工事の例

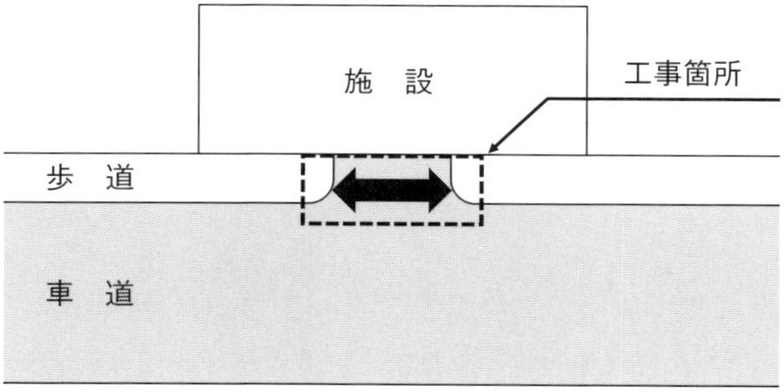

施　設
工事箇所
歩　道
車　道

出典：国土交通省資料をもとに作成

承認工事の注意点としては、**道路の維持で軽易なもの**については、**道路管理者の承認が不要**となります（同法24条ただし書き）。

その軽易なものとしては、道路の損傷を防止するために必要な砂利又は土砂の局部的補充その他道路の構造に影響を与えない道路の維持と定められています（同法施行令3条）。

■道路法施行令

（道路管理者以外の者の行う軽易な道路の維持）

第3条　法第24条但書に規定する道路の維持で政令で定める軽易なものは、**道路の損傷を防止するために必要な砂利又は土砂の局部的補充その他道路の構造に影響を与えない道路の維持**とする。

また、**承認工事に要する費用は、道路管理者の承認を受けた者又は道路の維持を行う者が負担しなければなりません**（同法57条）。

ただし、承認工事を行う者は費用負担するものの、承認工事後の物件については、道路管理者が道路の附属物として管理することになります。

このため、次節4－8で解説する**占用許可**を受けた物件とは異なり、承認工事後の物件は同法4条により私権の行使が制限され、道路管理者が変更や撤去の権限を持つことになります。道路管理者以外の者が、工事後の物件についての権限を持ち続ける場合には、同法32条1項による占用許可を得た上で適切に管理してもらう必要があります。

■道路法

（道路管理者以外の者の行う工事等に要する費用）

第57条　第24条の規定により道路管理者以外の者の行う道路に関する工事又は道路の維持に要する**費用は、**同条の規定により**道路管理者の承認を受けた者又は道路の維持を行う者が**負担**しなければならない。**

4 8 ◎…道路の「占用許可」

▶▶道路の占用の許可(道路法32条)

道路に物件を設置して占用する場合には、道路法32条1項による**道路の占用の許可**を受ける必要があります。図表66は、同法32条1項各号に規定されている内容と具体的な占用物件の例を示しています。

道路の占用の許可基準は、同法33条に規定されています。また、この道路占用許可の事務については、道路占用料徴収条例のほか規則や要綱等を定めている場合があるため、確認しておきましょう。

なお、許可を得る必要がない軽易な変更は、同法施行令8条に定められています。その軽易な変更とは、①占用物件の構造の変更であって重量の著しい増加を伴わないもの、②道路の構造又は交通に支障を及ぼすおそれのない物件の占用物件に対する添加であって、当該道路占用者が当該占用の目的に附随して行うものです。

▶▶歩行者利便増進道路―ほこみち―

近年の全国各地の動向としては、道路を占用するだけでなく、**歩行者利便増進道路**にすることで積極的に道路空間を街の活性化に活用する事例が増えてきています。こうした制度の概要や取組み事例等は、以下の国土交通省のウェブサイトに紹介されています。

〈ウェブサイト〉
国土交通省「歩行者利便増進道路―ほこみち―」
https://www.mlit.go.jp/road/hokomichi/index.html

図表66　具体的な占用物件の例

道路法32条１項	道路法に規定されている内容 / 具体例な占用物件の例
1号	電柱、電線、変圧塔、郵便差出箱、公衆電話所、広告塔その他これらに類する工作物
	交番、公衆便所、消火栓、くずかご、フラワーボックス、ベンチ、上屋、街灯等
2号	水管、下水道管、ガス管その他これらに類する物件
	ケーブル管、石油管、熱供給管等
3号	鉄道、軌道、自動運行補助施設その他これらに類する施設
	モノレール、鉱石運搬のための索道
4号	歩廊、雪よけその他これらに類する施設
	日よけ、アーケード等
5号	地下街、地下室、通路、浄化槽その他これらに類する施設
	地下タンク貯蔵所、地下駐車場、防火用地下水槽等
6号	露店、商品置場その他これらに類する施設
	屋台、靴磨き、売店、コインロッカー、材料置場等
7号	道路の構造又は交通に支障を及ぼすおそれのある工作物、物件又は施設で政令（道路法施行令７条）で定めるもの
	① 看板、標識、旗ざお、パーキングメーター、幕、アーチ ※自家用看板は、①に該当します ② 太陽光発電設備、風力発電設備 ③ 津波避難施設 ④ 工事用板囲、足場、詰所等 ⑤ 土石、竹木、瓦、工事用材料等 ⑥ 耐火建築物を建築する期間中必要となる仮設建築物 ⑦ 都市再開発法に基づく施設のうち一時的に必要となる施設 ⑧ 食事施設、購買施設等 ※オープンカフェは、⑧に該当します ⑨ トンネルの上又は高架下に設ける店舗、倉庫、駐車場、広場等 ⑩ 都市計画法に基づく高度地区内の道路の上空に設ける店舗、倉庫等 ⑪ 応急仮設住宅等 ⑫ 自転車、原付、二輪車を駐車させるために必要な車輪止め装置等 ⑬ 高速自動車国道等に設ける休憩所、給油所及び自動車修理所等 ⑭ 防災拠点自動車駐車場に設ける備蓄倉庫等

出典：国土交通省資料をもとに作成

4 9 ◎…「道路標識」の分類と目的

▶▶道路標識等の設置と分類（道路法45条）

さまざまな道路には、**道路標識**や**区画線**が設置されています。道路管理者は、道路法45条1項により、必要な場所に道路標識又は区画線を設けなければなりません。

また、道路標識及び区画線の種類、様式及び設置場所等については、「道路標識、区画線及び道路標示に関する命令」（以下「標識令」という）に定められています（道路法45条2項）。

標識令1条1項は、道路標識の分類が、**本標識**と**補助標識**であることを定めています（図表67）。また同条2項は、**本標識の分類**が、⑴**案内標識**、⑵**警戒標識**、⑶**規制標識**、⑷**指示標識**であることを定めています。

■道路法

（道路標識等の設置）

第45条　**道路管理者は**、道路の構造を保全し、又は交通の安全と円滑を図るため、**必要な場所に道路標識又は区画線を設けなければならない。**

2　前項の道路標識及び区画線の種類、様式及び設置場所その他道路標識及び区画線に関し必要な事項は、**内閣府令・国土交通省令**で定める。

3　都道府県道又は**市町村道に設ける道路標識の**うち内閣府令・国土交通省令で定めるものの**寸法は**、前項の規定にかかわらず、同項の内閣府令・国土交通省令の定めるところを参酌して、当該都道府県道又は**市町村道の道路管理者である地方公共団体の条例で定める。**

図表 67　道路標識の分類とその一例

道路標識

本標識

(1) 案内標識　(2) 警戒標識　(3) 規制標識　(4) 指示標識

補助標識

ここから50m

▶▶道路標識の目的

図表 67 には、イメージしやすいように道路標識の一例を示しました。これらの道路標識の目的についても簡単に解説しましょう。

(1)**案内標識**は、目的地・通過地の方向、距離や道路上の位置を示すために設置します。(2)**警戒標識**は、注意深い運転を促すために設置します。(3)**規制標識**は、禁止、規制、制限等の内容を知らせるために設置します。(4)**指示標識**は、通行する上で守る必要がある内容を知らせるために設置します。**補助標識**は、本標識の意味を補足するために設置します。

▶▶道路標識の寸法

図表 67 のうち、(1)**案内標識**と(2)**警戒標識**は、道路管理者が設置します。また、(3)**規制標識**と(4)**指示標識**は、主に都道府県公安委員会が設置しますが、道路管理者が表示するものもあります。

なお、市町村道に設ける**道路標識の寸法**は、市町村条例で定められている場合があるため、当該条例の内容を確認しておきましょう（道路法45 条 3 項）。

4 10 ◎…「橋梁」って何だろう？

▶▶橋梁とは

橋梁とは、道路や鉄道等が、障害となる河川、道路、鉄道等の上方を通過するために作られる構造物のことをいいます。まず図表68の橋梁全体をイメージしながら、橋梁の名称や意味を理解しましょう。

図表68　橋梁全体イメージ

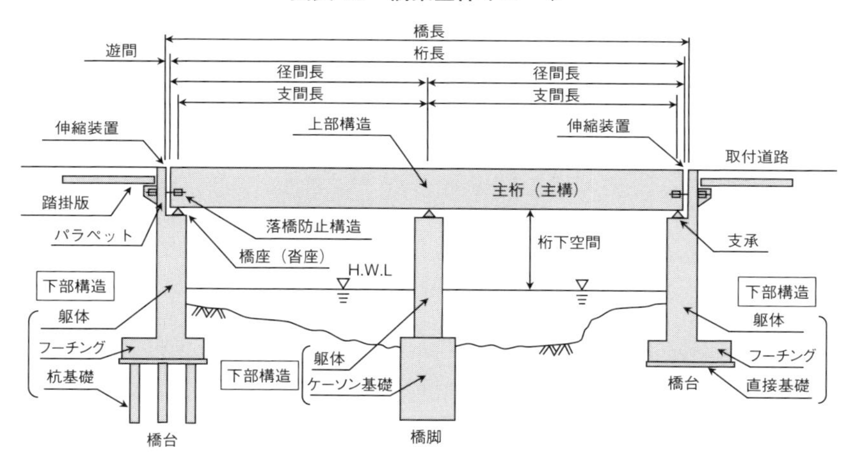

出典：群馬県資料をもとに作成

橋梁は、大別して**上部構造**と**下部構造**という2つの構造に分かれます。上部構造や下部構造を含む橋梁の名称や意味は、図表69のとおりです。

橋台と**橋脚**の主な違いは、背面土圧（はいめんどあつ）（壁の後ろにある土が壁を押す圧力）を支持する構造物かどうかです。

橋台の躯体（くたい）上部には、**パラペット**があり、胸壁（きょうへき）とも呼ばれています。

このパラペットの背面には、裏込め土砂の沈下による段差を防止するため**踏掛版**（ふみかけばん）が設置されています。そして、パラペットの頂上部には、上部構造の端部との不連続部に**伸縮装置**を設置することが一般的です。

図表69　橋梁の名称や意味

名称	意味
上部構造	橋台、橋脚の上に設けられる橋桁部分
下部構造	上部構造からの荷重を地盤に伝達する構造部分で、橋台、橋脚及びそれらの基礎の総称
橋長	橋台パラペット前面間の距離
支間長	支承中心間の距離。スパンとも呼ばれる
径間長	橋台パラペット前面あるいは橋脚中心間の距離（純径間）
H.W.L	計画高水位（High Water Level の略）
桁下空間	桁下高ともいう。河川の場合は、洪水時の流木等流下物の浮上高等を考慮して決められる。また、道路、鉄道と交差する場合は桁下の建築限界から決定する
支承	上部構造からの力を下部構造に伝えるとともに上部構造の温度変化・乾燥収縮等による伸縮及び活荷重たわみによる回転・移動を円滑にする働きがある
伸縮装置	上部構造端部等の橋梁の路面が不連続となる部分に設置し、路面上の交通を円滑にするための装置
落橋防止システム	地震により上部構造が落下するのを防ぐことを目的として設ける構造システム。桁かかり長、落橋防止構造、横変位拘束構造及び段差防止構造から構成する
主桁（主構）	橋梁の主体で、上部構造に作用する荷重を支え、これを下部構造に伝達する。桁橋の場合は主桁、トラス橋等の場合は主構という
橋台	橋梁の両端にあって、上部構造からの荷重と橋台背面の土圧及び自重を支持するもの
橋脚	橋梁の中間部にあって、上部構造からの荷重及び自重を支持するもの
橋座（沓座）	上部構造を支持する支承を据え付ける橋脚や橋台の上面
パラペット	橋台躯体の上部にあり、橋台背面の土圧のほか、輪荷重の影響によって作用する荷重を支える壁
躯体	上部構造からの荷重をフーチングに伝える構造物。壁形式、柱形式等がある
フーチング	柱又は壁部分（躯体）を支え、基礎あるいは地盤へ荷重を伝える版状の構造物
基礎	躯体、フーチングからの荷重を地盤に伝える構造部分。直接基礎、杭基礎、ケーソン基礎等がある
踏掛版	橋台背面盛土の沈下による路面の段差を防止するために設置する鉄筋コンクリートの版

出典：群馬県資料をもとに作成

▷▷橋梁の路面上の名称や意味

図表70は、**橋梁の路面上のイメージ（桁橋）**を示しています。車道の外側には、**路肩、排水装置（排水桝）、緑石、歩道、地覆、橋梁用防護柵**が設置されており、それぞれの名称や意味は、図表71のとおりです。

図表70　橋梁の路面上のイメージ（桁橋）

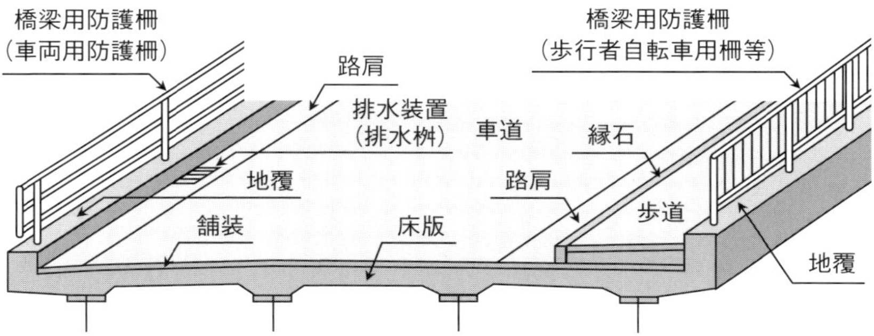

出典：群馬県資料をもとに作成

図表71　橋梁の路面上の名称や意味（桁橋）

名称	意味
車道	専ら車両の通行の用に供することを目的とする道路の部分（自転車道を除く）
路肩	道路の主要構造部を保護し、又は車道の効用を保つために、車道、歩道、自転車道又は自転車歩行者道に接続して設けられる帯状の道路の部分
歩道	専ら歩行者の通行の用に供するために、縁石線又は柵その他これに類する工作物により区画して設けられる道路の部分
排水装置	橋面の排水を行うために設ける排水桝、排水管等の装置
地覆	橋の幅員方向最端部で自動車が橋面から逸脱するのを防ぐ
橋梁用防護柵	地覆とともに橋面からの逸脱を防ぐ。設置箇所及び目的に応じて、車両用防護柵、歩行者自転車用柵兼用車両防護柵及び歩行者自転車用柵という
縁石	歩車道境界部に設置し、表面水を導くことや、舗装端を保護する
床版・舗装	自動車の輪荷重や歩行者の群集荷重を直接受ける部分で、通常表面は舗装されている

出典：群馬県資料をもとに作成

▶▶橋梁の構造形式

私たちが利用する橋梁の中には、これまでの図表で見てきた**桁橋**でないものもあります。図表72は、**代表的な橋梁の構造形式**であり、地形や地盤等の状況を踏まえた上で、安全性、耐久性、経済性等を総合的に考慮して計画・設計されます。一般的には、**桁橋**、**ラーメン橋**、**トラス橋**、**アーチ橋**、**斜張橋**(しゃちょうきょう)、**吊橋**の順で、適用される支間長が長くなります。

ラーメン橋とは、桁と橋脚・橋台を剛結(ごうけつ)した一体構造の橋梁で、さまざまな形状があり、支承が不要という特徴があります。**トラス橋**は、桁をトラス(三角形の集合体)構造で補強し、骨組みの構造とすることで軽い橋梁にできます。**アーチ橋**は、弧を描く曲がりを付けた部材によって荷重を支える構造で、美しい意匠の橋梁も多いです。

斜張橋と**吊橋**は、どちらもケーブルの張力を利用した吊り構造の橋梁という点で似ています。**斜張橋**は、主塔から斜めに張った複数のケーブルで吊る構造の橋梁のことです。**吊橋**は、主塔の間を渡るケーブルから垂らしたロープで橋桁を吊る構造の橋梁のことをいいます。

図表72　代表的な橋梁の構造形式

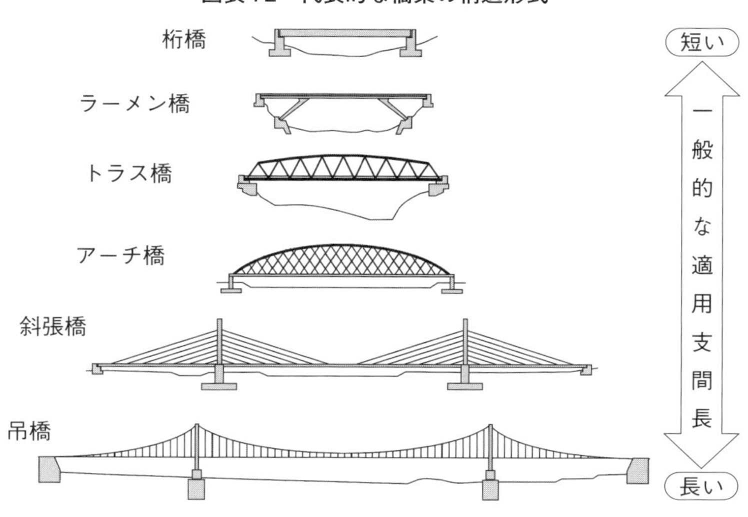

出典：群馬県資料をもとに作成

4 11 ◎…道路の「維持」と「修繕」

▶▶道路の維持又は修繕の技術的基準等

道路の供用後は、**適切な維持、修繕**を行うことが重要になります。こうした維持、修繕に関する根拠規定や技術的基準等については、図表73のとおり道路法42条をはじめ政省令、告示、定期点検要領に定められています。

そこで、まずこの図表に沿って法令等を一通り確認し、図表内にある下線部の重要箇所を覚えましょう。

図表73　技術的基準等を理解するポイント

道路法42条
道路の維持、修繕に努めることを規定

道路法施行令35条の2
道路の維持、点検、措置を講ずることを規定

※技術的基準等

道路法施行規則4条の5の6
点検は5年に1回、近接目視を基本とすることを規定

トンネル等の健全性の診断結果の分類に関する告示
点検による健全性の診断結果を4区分に分類することを規定

※技術的助言

定期点検要領
「道路トンネル」「道路橋」等の構造物毎に定期点検要領を制定

▶▶健全性の診断結果の4区分

5年に1回の点検を行った後、健全性の診断結果を整理することになります。この健全性の診断結果については、トンネル等の健全性の診断結果の分類に関する告示に基づき、図表74の**4区分で整理**します。

これにより、例えば「○○橋の健全性は、Ⅲ判定です」と診断されれば「○○橋は早期措置段階の橋梁であり、早期に措置を講ずべき」ということが理解できるようになります。また、この診断結果は、118ページ図表77の「全国道路施設点検データベース」を閲覧することで確認することができます。

図表74　健全性の診断結果の4区分

区分		状態
Ⅰ	健全	構造物の機能に支障が生じていない状態
Ⅱ	予防保全段階	構造物の機能に支障が生じていないが、予防保全の観点から措置を講ずることが望ましい状態
Ⅲ	早期措置段階	構造物の機能に支障が生じる可能性があり、早期に措置を講ずべき状態
Ⅳ	緊急措置段階	構造物の機能に支障が生じている、又は生じる可能性が著しく高く、緊急に措置を講ずべき状態

▶▶各種の定期点検要領を確認する

国土交通省は、「道路トンネル」「道路橋」等の構造物毎に**定期点検要領**を定めています。土木担当は、こうした技術的助言を参考にしながら、定期点検を実施しています。

また、これらの国土交通省による定期点検要領だけでなく、都道府県が定める点検要領も参考にできる場合があるため、ぜひ目を通しておきましょう。

4 12 ◎…「長寿命化」がまちの安全を守る

▶▶道路施設の長寿命化に向けた取組み

2012年に発生した笹子トンネル天井板落下事故を契機として、**道路施設の長寿命化に向けた取組み**が加速しました（図表75）。まず2013年6月には道路法が改正され、点検基準が法定化されました。また、2014年7月には、**5年に1回、近接目視による点検を実施すること**などを定めた省令や告示が施行され、これらに基づく点検が始まりました。その後、2015年11月には**道路メンテナンス年報**が公表されており、それ以降も国土交通省のウェブサイトに同年報が毎年公表されています。

図表75　道路施設の長寿命化に向けた取組み

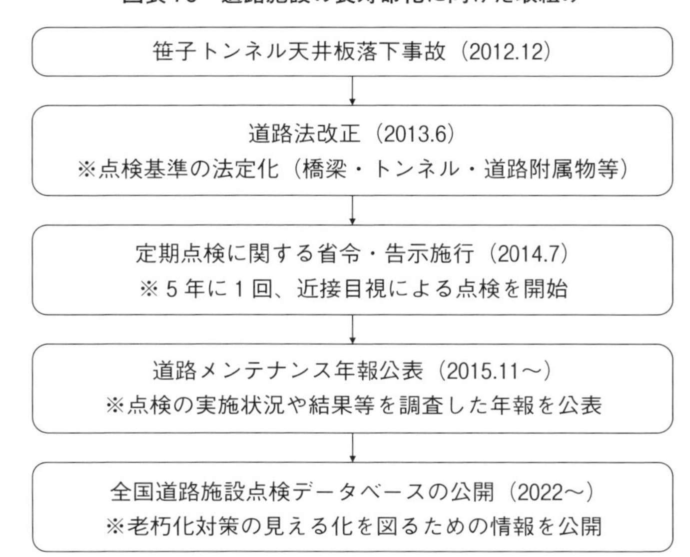

〈ウェブサイト〉
国土交通省「道路メンテナンス年報」
https://www.mlit.go.jp/road/sisaku/yobohozen/yobohozen_maint_index.html

2022年からは、老朽化対策の見える化を図るための「全国道路施設点検データベース」が公開されており、計画を立案する際の検討資料に活用することができます。この内容は、次ページで解説します。

▶▶長寿命化修繕計画

多くの自治体では、公共施設等総合管理計画の個別施設計画として、各種の**長寿命化修繕計画**を策定しています。例えば、橋梁に関する個別施設計画であれば、**橋梁長寿命化修繕計画**を策定しています。この計画策定により、図表76に示す**国庫補助（道路メンテナンス事業補助）制度**の活用が可能となっています。

この補助制度を活用しつつ、長寿命化修繕計画に基づく計画的な点検、設計、修繕等のサイクルを実施することにより、**維持管理の予算を平準化**することができます。なお、計画的な修繕等を検討する際には、災害時で特に重要な路線となる緊急輸送道路等に配慮した検討が重要です。

図表76　国庫補助制度の概要

	内容
制度名	道路メンテナンス事業補助制度
制度概要	道路の点検結果を踏まえ策定される長寿命化修繕計画に基づき実施される道路メンテナンス事業に対し、計画的かつ集中的な支援を実施するもの
対象構造物	橋梁、トンネル、道路附属物等 （横断歩道橋、シェッド、大型カルバート、門型標識）
対象事業	修繕、更新、撤去
国費率	55％×α（α：財政力指数に応じた引上率）

▶▶道路施設の点検結果

国土交通省は、各種の道路施設の点検要領を定めています。これらに基づいて点検した結果は、図表77の**全国道路施設点検データベース**に登録され、以下のウェブサイトに公開されています。

土木担当の職場には、データベースを利用するためのIDやパスワードが用意されていると思いますので、ログインして皆さんの自治体が管理している道路施設の点検結果を確認してみましょう。

〈ウェブサイト〉
国土交通省「全国道路施設点検データベース」
https://road-structures-db.mlit.go.jp/

図表77　全国道路施設点検データベース

データ登録
国土交通省
地方公共団体
高速道路会社

全国道路施設点検データベース
登録機能
基礎データベース
閲覧機能
登録機能
各道路施設毎のデータベース
閲覧機能
道路橋
トンネル
附属物
土工
舗装

データ利活用
国土交通省
地方公共団体
高速道路会社
研究機関・大学
民間・個人

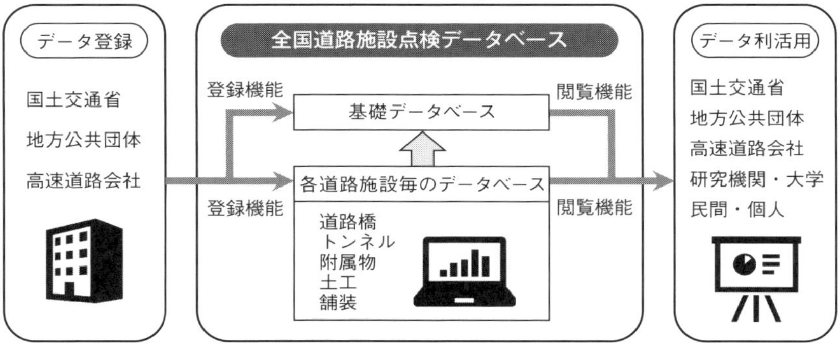

出典：国土交通省資料をもとに作成

道路施設の維持管理の実務に際しては、点検結果を把握しつつ、図表78に示すメンテナンスサイクルを構築することが重要です。この図表では、**予防保全**と**事後保全**のメンテナンスサイクルを比較していますが、一般に予防保全のほうがトータルコストを低く抑えられます。

予防保全のメンテナンスサイクルを着実に実現するためには、予防保全で対応できる管理水準以下に老朽化してしまった道路施設の対策を早期に実施する必要があります。

図表78　メンテナンスサイクルのイメージ

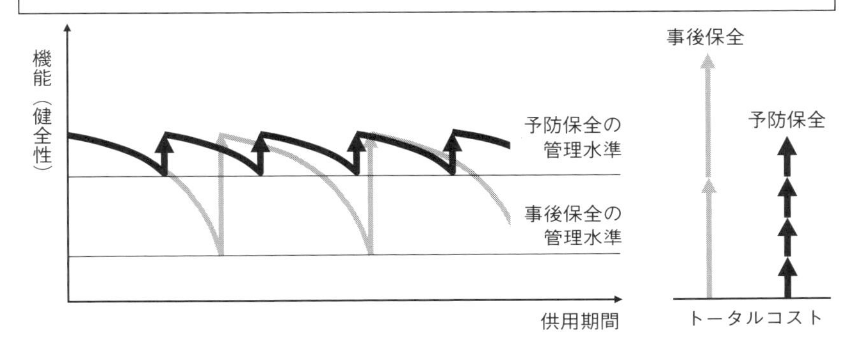

出典：国土交通省資料をもとに作成

▶▶「最新技術」を活用した効率的な点検方法を採用する

近年では、ドローンやロボット等による多様な道路施設の点検方法を採用することができます。例えば、群馬県橋梁点検要領では、橋梁点検の方法を検討するためのフローを示しており、こうした資料に基づいて点検実施方法を検討し、効率的な点検を実施することができます。

また、国土交通省では、点検に関する「新技術利用のガイドライン（案）」や橋梁・トンネル用の「点検支援技術性能カタログ」を公開するとともに、ウェブサイト「新技術情報提供システム（NETIS）」で新技術を公開しています。こうした情報を活用することで効率的な点検が実施できれば、点検結果がわかった時点で直ちに修繕できるというメリットが生まれます。

例えば、Ⅳ判定となる橋梁の修繕箇所を発見し、その修繕を早急に実施できれば、道路利用者の安全を速やかに確保することにつながります。

▶▶橋梁補修工事の設計

橋梁補修工事の設計を行う際の留意点は、新設工事の設計とは異なり、

既存の老朽化した構造物に対する設計ということです。ぜひ覚えておきたいのは、**設計時点での老朽化の状況**が、工事の順調な進捗に大きな影響を与えるということです。

このため設計に際しては、できるだけ正確な老朽化の状況を把握しておきましょう。もし、その把握が不十分であれば、工事発注後に設計変更となる原因になってしまいます。例えば、橋梁点検を実施した建設コンサルタントから老朽化の状況を詳しく聞き取ることも効果的です。

▶▶老朽化が進んでいる道路施設の修繕を優先する

前ページ図表78に示したように、多くの道路施設が予防保全のメンテナンスサイクルを保っていればよいのですが、なかなか難しいのが現状ではないでしょうか。

また、各道路施設は**5年に1回の点検**が義務付けられているため、5年前は良好な点検結果であったものの、最新の点検結果で老朽化が進んでいることが判明する場合もあるでしょう。このため、安全確保に向けて最善を尽くすためには、**老朽化が進んでしまった道路施設の修繕を優先させること**が重要になります。

特に、115ページ図表74に示したⅣ判定の道路施設については、緊急措置段階のものですので、緊急に修繕等を実施する必要があります。また、その点検結果の内容や老朽化の進行状況によっては、その路線を一時的な通行止めにすることも検討しておく必要があるでしょう。

また、Ⅲ判定の道路施設については、早期措置段階の道路施設ですので、財政面も考慮しつつ、早期に修繕が実施できるように計画しておく必要があります。

限られた予算の中で、**事業の選択と集中**を行わなければならないのが、計画的な修繕の難しいところです。しかし、考え方の基本は、予防保全のメンテナンスサイクルを実現するよう着実に事業を推進することです。

▶▶河川占用許可の準備

一級河川に架かる**橋梁補修工事等**に際しては、河川管理者である国や都道府県に**河川占用許可**を申請します。河川占用許可については、後ほど第5章で解説しますが、橋梁補修工事の設計と併せて河川占用許可に係る協議や申請の準備を行っておく必要があります。

▶▶「水みち」が道路施設の最大の敵

道路施設に生じる修繕箇所は、その多くが「水みち（みずみち）」（水が流れる道）によってできた弱点箇所という点で共通しています。例えば、舗装にひび割れが生じるとそこに水みちができて内部の劣化が進みやすくなります。また、橋梁についても、水みちができやすい伸縮装置等は劣化が進みやすく、多くの橋梁で修繕を行うことが多い箇所になります。

▶▶国土交通省 LINE サービスとの連携

国土交通省は、道路利用者が道路の異状等を発見した場合に、直接道路管理者に通報することができる**LINE サービス**を令和6年3月29日から運用しています（図表79）。このサービスの利用方法は簡単で、誰でもコミュニケーションアプリ LINE に「国土交通省道路緊急ダイヤル（＃9910）」を友だち追加することで、直ちに利用できます。

図表79　道路の異状を通報する方法

LINE トークにより、①～⑤の順序で状態・写真・位置などを通報する

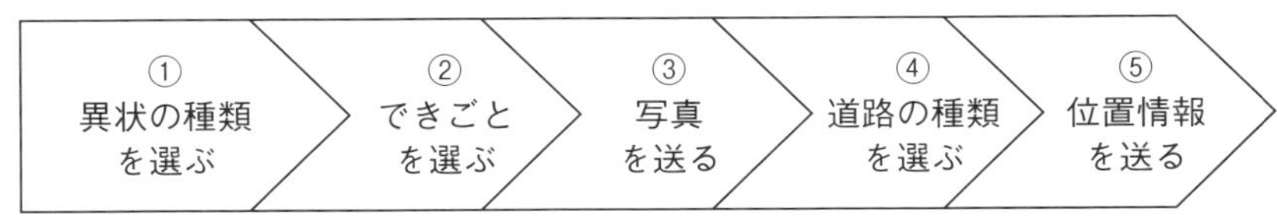

出典：国土交通省資料をもとに作成

これにより、道路利用者は全国の道路を対象に LINE アプリによって

通報することができます。具体的には、**道路の穴、路肩の崩壊等の道路損傷、落下物や路面の汚れ等の道路異常**について、24時間いつでも通報が可能です。

聴覚や発話に障がいがあり、音声による通報が困難な人でも、このLINEアプリがあれば通報できます。また、このサービスでは、通報された該当箇所の道路の道路管理者へ通知される仕組みになっており、道路管理者が迅速な対応を図る上でも、大きな期待が寄せられています。

このLINEアプリによる通報は、自分が住んでいる市町村内に限らず全国各地で行うことができるので、私も利用して通報したことがあります。ぜひ土木担当の皆さんも、住んでいる身近な場所に限らず、道路の異状を発見した場合には、このサービスを活用してみることをお勧めします。

▶▶繰越明許の準備

特に橋梁補修工事では、本格的な補修工事を開始してから予想を上回る劣化が進んでいる箇所が発見されることがあります。また、こうした予期せぬ現場の状況によって、当初発注の製品や工法を変更せざるを得ない場合があり、予定通りの工程で工事が進まないことも起こり得ます。

また、河川に架かる橋梁の補修工事の場合には、水位が高いと施工に支障が生じるため、**渇水期**に入った11月以降から本格着手となることが多く、**年度内の工事完了が難しくなる場合**もあります。

このため、橋梁補修工事発注後は、**当初発注図面と現場の状況の差異**に注意するとともに、工事の進捗をよく確認しながら監理することが求められます。そして、年度内に工事完了が困難であると判断した場合には、早めに施工業者や上司に相談して、**繰越明許の準備**を行うように心掛けておきましょう。

第5章

河川管理のポイント

5 1 ◎…「河川」って何だろう？

▶▶河川とは

河川とは、**公共の水流及び水面のこと**です。河川を含めた地球の水は、循環するイメージが大切なので、図表80に沿って説明しましょう。

河川の水は、山や平野に降った雨や雪による水が集まったものです。この水は、地表の水面をもつ水流として流出したり、地下に浸透して地下水流になったりしながら海へ流れます。海や地表の水は、温められると蒸発して水蒸気になり、やがて空の上で雲になります。この雲が、風に乗って運ばれ、上昇気流に乗ることなどにより雨や雪を降らせます。こうして、雨や雪が再び河川の水になります。

このように、水はさまざまな姿に変化しながら「水循環」を繰り返しています。河川は、この水循環の一部と考えることができます。

図表80　水循環のイメージ

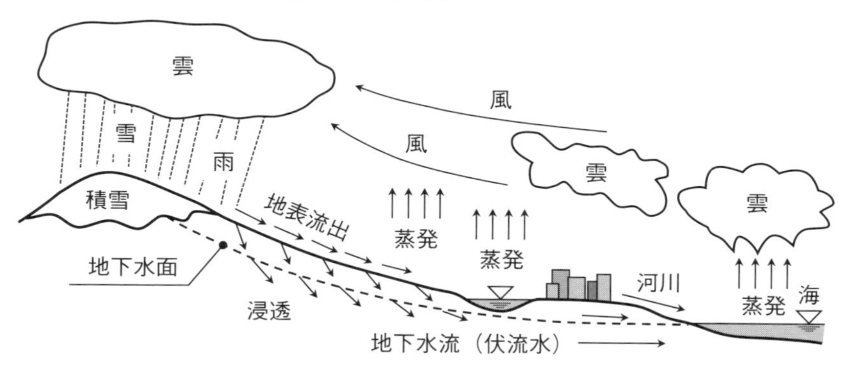

出典：福島県喜多方市資料をもとに作成

▶▶河川の水系とは

次に、河川を上空から眺めた図表81を見ていきましょう。この図表は、**河川の水系図**を示しています。

さまざまな河川は、雨や雪等の降水を集めて水流とし、海へと運ぶ役割をしています。河川は、ある範囲の降水を集めるものであり、この範囲をその河川の**流域**といい、その境を**流域界（分水界）**といいます。

これらの河川の中には、大きな**本川（幹川）**があります。これは、流量、長さ、流域の大きさ等が最も重要であると考えられる河川又は最長の河川です。また、本川に合流する河川を**支川**といいます。

そして、本川に直接合流する支川を**一次支川**、一次支川に合流する支川を**二次支川**と、次数を増やして区別する場合もあります。また逆に、本川から分かれて流れる河川のことを**派川**といいます。

これらの同じ流域内にある本川、支川、派川及びこれらに関連する湖沼を総称して**水系**といいます。水系の名称は、本川の名前をとり、例えば本川が利根川であれば「利根川水系」という名称が用いられています。

図表81　河川の水系図

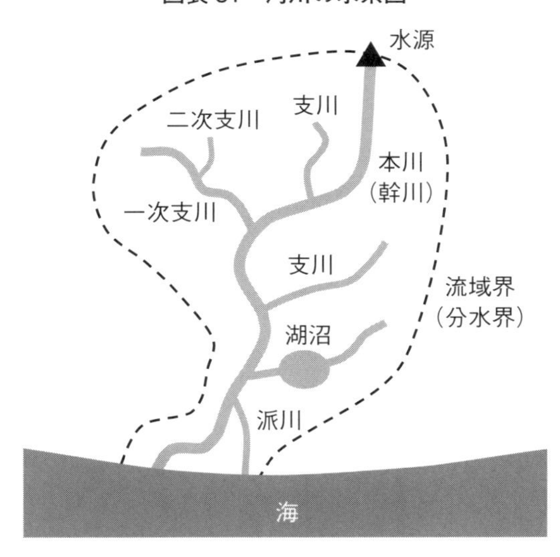

出典：国土交通省資料をもとに作成

5-2 ◎…「河川法」の法体系

▶▶河川法の法体系

図表82は、**河川法の法体系のイメージ**を示しています。

まず、図表の左側を見てみましょう。上から順に、法律、政令、省令として、**河川法、河川法施行令、河川法施行規則**が並んでいます。

また、政令と省令については、括弧内のように河川管理施設等の主要なものの構造について、河川管理上必要とされる一般的技術的基準を定める**河川管理施設等構造令**や、その規定に基づく**河川管理施設等構造令施行規則**等があります。

図表82　河川法の法体系のイメージ

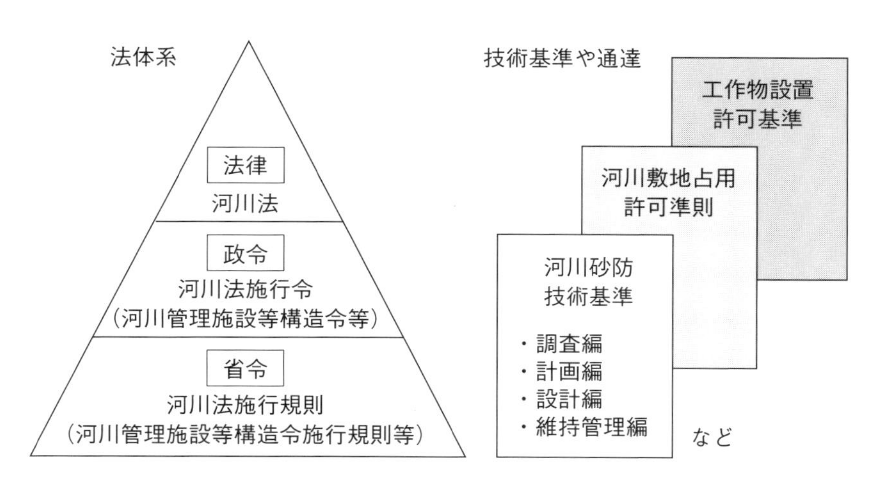

▶▶河川法の技術基準や通達

河川の技術基準は、とても多岐に渡っています。例えば、図表82の右側には、技術基準や通達の一部を示しました。先ほど、河川管理施設等構造令や河川管理施設等構造令施行規則について触れましたが、河川管理や河川管理施設のための調査、計画、設計、維持管理に対する一般的技術基準として**河川砂防技術基準**があります。

それ以外にも、重要な通達の例としては、河川敷地の占用の許可に係る基準等を定める**河川敷地占用許可準則**や工作物の新築、改築又は除却の許可に際して、工作物の設置位置等について河川管理上必要とされる一般的技術的基準を定める**工作物設置許可基準**等があります。

▶▶膨大な数の技術基準を調べるコツ

皆さんの執務室の本棚にも、数多くの河川の技術基準が並んでいると思いますが、まずは国土交通省ウェブサイトから情報を得ましょう。

以下の国土交通省ウェブサイト「指針･ガイドライン等」には、河川、ダム、砂防、海岸、防災、環境、利用、技術・情報、公共事業評価に関する基準・マニュアルといった分野の技術基準が公開されています。

〈ウェブサイト〉
国土交通省「指針・ガイドライン等」
https://www.mlit.go.jp/river/shishin_guideline/index.html

上記のウェブサイトに公開されている技術基準の数の多さに最初は驚きますが、担当分野ではない技術基準も多いので心配いりません。まずは担当分野の技術基準をチェックしてみましょう。できるだけ時間を見つけて、担当分野の技術基準をゆっくり読むことをお勧めします。

また、各市町村で**河川管理施設等構造条例**、**準用河川管理規則等**を定めている場合には､条例や規則にもよく目を通しておく必要があります。ぜひ、皆さんの職場が所管している例規も調べておきましょう。

5 3 ◎…「河川法」の目的って何だろう？

▶▶河川法の目的（河川法1条）

河川法は、**河川の管理に関する基本法**です。河川法１条は、同法の**目的**を定めており、以下の⑴〜⑷を総合的に管理することにより、**国土の保全と開発に寄与し、公共の安全を保持し、かつ、公共の福祉を増進すること**としています。河川管理の実務においては、⑴〜⑷のバランスが難しいと感じることもあるかと思います。⑴〜⑷の取組みを進める上では、必ずしもお互いの目的が合致するものばかりではないため、何かを優先するのではなく、**総合的に管理**する必要が生じるのです。

⑴洪水、津波、高潮等による災害の発生防止
⑵河川の適正な利用
⑶流水の正常な機能の維持
⑷河川環境の整備と保全

■河川法

（目的）
第１条　この法律は、河川について、**洪水、津波、高潮等による災害の発生が防止され**、**河川が適正に利用され**、**流水の正常な機能が維持され**、及び**河川環境の整備と保全がされるように**これを**総合的に管理する**ことにより、**国土の保全と開発に寄与し**、もつて**公共の安全を保持し**、かつ、**公共の福祉を増進すること**を目的とする。

▶▶河川法改正の流れ

図表83は、**河川法改正の流れ**を示しています。

河川法は、明治29年に制定された法律です。この河川法の制定によって近代河川制度が誕生し、これまでに数回の改正を経て、現在に至っています。

大きな改正としては、まず昭和39年の改正により、**治水（ちすい）・利水（りすい）**の体系的な制度の整備が図られました。その後は、社会経済の変化によって河川行政をとりまく状況は大きく変化し、環境が重視されるようになりました。このため河川には、治水・利水の役割に加えて「うるおいのある水辺空間」や「多様な生物の生息・生育環境」として、地域の風土と文化を形成するための個性を活かした川づくりが求められるようになったのです。

こうしたことから、平成9年の改正により、法の目的として、治水・利水に加えて**河川環境の整備と保全**が位置付けられました。さらに、河川整備の計画の改正と計画策定の手続が整備され、地域の意見を反映した河川整備の計画制度が導入されました。

図表83　河川法改正の流れ

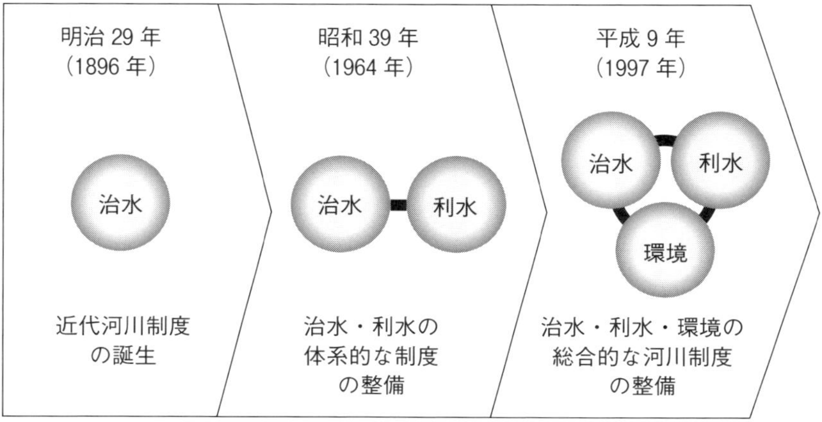

明治29年（1896年）	昭和39年（1964年）	平成9年（1997年）
治水	治水・利水	治水・利水・環境
近代河川制度の誕生	治水・利水の体系的な制度の整備	治水・利水・環境の総合的な河川制度の整備

出典：国土交通省資料をもとに作成

5 4 ◎…河川管理の「原則」

▷▷河川管理の原則（河川法2条1項）

河川法２条１項は、河川は**公共用物**であり、河川法の目的が達成されるよう適正に管理されなければならないことを定めています。河川が**公共用物**の中でも**自然公物**に分類されることについては、40ページ図表26で見てきたとおりです。

> **■河川法**
>
> （河川管理の原則等）
>
> 第２条　河川は、**公共用物**であつて、その保全、利用その他の管理は、前条の目的が達成されるように適正に行なわれなければならない。
>
> ２　**河川の流水**は、**私権の目的となることができない。**

それでは、128ページで解説した河川法の目的⑴～⑷のそれぞれについて、具体的にどのような管理の実務があるのかイメージしておきましょう。

⑴洪水、津波、高潮等による災害の発生防止

土木担当の実務においては、河川の流水によるさまざまな災害の防止を図る必要があります。

例えば、河川管理者として、堤防や護岸を改修する**工事**のほか、除草、伐採、浚渫、修繕等の**維持管理**を行います。

また、河川管理者以外の者が行う河川区域内や河川保全区域内での工

作物の新築等により災害が誘発されることがないよう**規制**を行い、各種の**許可申請を審査**します。

⑵河川の適正な利用

河川の流水は、農業等のために利用されることがあります。また、河川管理者以外の者が、許可を得て土地を占用することもあります。

このため、河川が適正に利用されるよう、これらの許可申請を審査します。

⑶流水の正常な機能の維持

河川は、**自然公物**であり、もともと自然の状態で存在し、公共の用に供されています。

そして河川は、⑴の工事や⑵の利用が行われることから、総合的な管理を通して、流水が正常に機能するよう維持する必要があります。

⑷河川環境の整備と保全

環境が重視される社会においては、河川環境の整備と保全がされるように河川を管理していく必要があります。

例えば、地域の自然を活かした**多自然川づくり**や**良好な河川環境・景観を保全する取組み等**が重要になります。

▶▶河川の流水は私権の目的にはならない（河川法2条2項）

河川法２条２項は、**河川の流水**が特定の目的に限られることなく、広く一般公共の用に供されるべきことを定めています。

この**河川の流水**には、124ページ図表80の**地下水流**（**伏流水**（ふくりゅうすい））や125ページ図表81の**湖沼**（こしょう）に停滞している水も含まれると考えられています。このため、これらも河川法による河川の流水として、地表で見られる一般的な河川の水流と同様に管理の対象になります。

5 ◎…河川法による「河川」と「河川管理施設」

▶▶河川法による河川とは（河川法3条、100条）

河川法３条１項は、同法による河川は**一級河川**と**二級河川**であり、これらの**河川管理施設**を含むことを定めています。この河川管理施設は、同法３条２項に定められており、その概要は次節５−６で解説します。

また、同法４条１項の括弧書きにあるとおり、河川は、**公共の水流及び水面**であることも重要です。「公共の」ということが重要であり、農業用水路、発電用水路、上水道等の特定の目的をもって設置される水流は、同法による河川には該当しません。

■河川法

（河川及び河川管理施設）

第３条　この法律において「河川」とは、**一級河川**及び**二級河川**をいい、これらの河川に係る**河川管理施設**を含むものとする。

２　この法律において「河川管理施設」とは、**ダム、堰（せき）、水門、堤防、護岸、床止め、樹林帯**（堤防又はダム貯水池に沿つて設置された**国土交通省令で定める帯状の樹林**で堤防又はダム貯水池の治水上又は利水上の機能を維持し、又は増進する効用を有するものをいう。）**その他河川の流水によつて生ずる公利を増進し、又は公害を除却し、若しくは軽減する効用を有する施設**をいう。ただし、河川管理者以外の者が設置した施設については、当該施設を河川管理施設とすることについて河川管理者が権原に基づき当該施設を管理する者の同意を得たものに限る。

（一級河川）

第4条　この法律において「一級河川」とは、国土保全上又は国民経済上特に重要な水系で政令で指定したものに係る**河川**（**公共の水流及び水面をいう**。以下同じ。）で国土交通大臣が指定したものをいう。
2～6（略）
（二級河川）
第5条　この法律において「二級河川」とは、前条第1項の政令で指定された水系以外の水系で公共の利害に重要な関係があるものに係る河川で都道府県知事が指定したものをいう。
2～7（略）

同法100条は、土木担当にとって非常に重要な規定ですので、先に説明しておきましょう。同条は、市町村が管理することとなる**準用河川**の規定であり、この**準用河川**やその**河川管理施設**も、河川法による河川に含まれます。

■河川法

（この法律の規定を準用する河川）
第100条　一級河川及び二級河川以外の河川で市町村長が指定したもの（以下「**準用河川**」という。）については、この法律中二級河川に関する規定（政令で定める規定を除く。）を準用する。（後略）
2（略）

▷▷河川の種類やその管理者を理解する

図表84は、**河川の種類**を水系ごとに示しており、括弧内には河川管理者を併記しています（河川法9条、10条）。同法による河川は、先ほど解説したとおり、**一級河川**、**二級河川**、**準用河川**があります。さらに、同法の適用も準用もない**普通河川**があり、これは42ページ図表28で解説したとおりです。このように1つの水系には、さまざまな河川管理者

が管理する河川がつながっていることが一般的です。

図表84　河川の種類

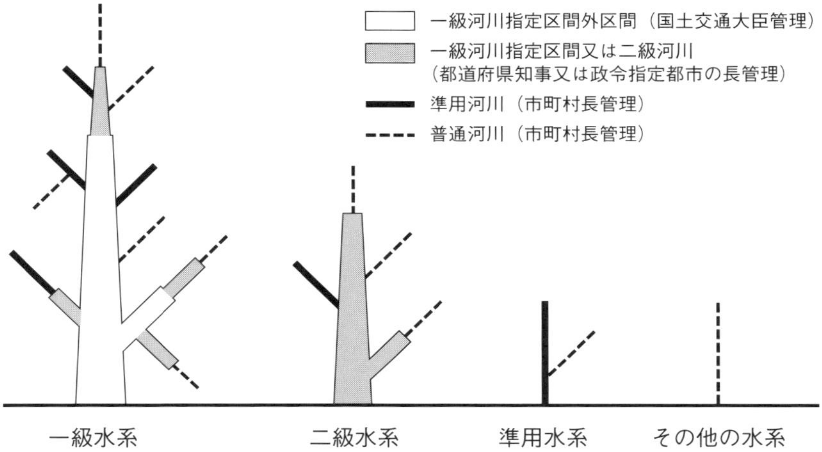

出典：国土交通省資料をもとに作成

▶▶河川の区域を理解する（河川法6条、54条）

図表85は、**河川区域**を示しています。河川法6条1項は、河川区域を1号から3号までに分けて定めており、これらは図表85の1号地から3号地までの範囲になります。

■**河川法**

（河川区域）

第6条　この法律において「河川区域」とは、次の各号に掲げる区域をいう。

一　河川の流水が継続して存する土地及び地形、草木の生茂の状況その他その状況が河川の流水が継続して存する土地に類する状況を呈している土地（河岸の土地を含み、洪水その他異常な天然現象によ

り一時的に当該状況を呈している土地を除く。）の区域
二　河川管理施設の敷地である土地の区域
三　堤外の土地（政令で定めるこれに類する土地及び政令で定める遊水地を含む。第３項において同じ。）の区域のうち、第１号に掲げる区域と一体として管理を行う必要があるものとして河川管理者が指定した区域
２～６　（略）

図表85　河川区域

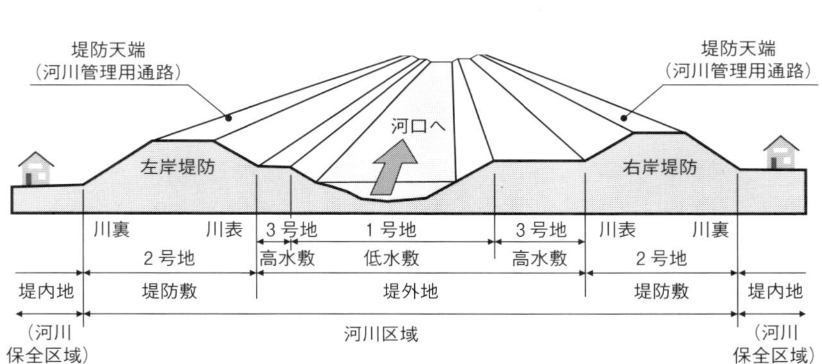

出典：国土交通省資料をもとに作成

図表85には、覚えておきたい専門用語が載っています。**右岸堤防**とは、河口に向かって右側に見える堤防のことで、左側に見える堤防は**左岸堤防**です。また**堤外地**（ていがいち）とは、堤防よりも川側（川表）に位置する場所のことで、**堤内地**（ていないち）は堤防よりも住宅地側（川裏）に位置する場所のことです。

ここでは、もう１つだけ補足しておきましょう。図表85には、河川区域の外側に**河川保全区域**がありますが、このように河川保全区域が指定されている河川もあります。河川管理者は、**河川区域に隣接する一定の区域内における河岸又は河川管理施設に支障を及ぼす行為を規制する区域**として河川保全区域を指定する場合があります（同法54条１項）。

この河川保全区域は、河川区域外の行為によって河岸又は堤防、護岸等の河川管理施設の機能が失われないように指定し、この区域内での行

為を規制するものです。

なお、河川保全区域として指定できる範囲については、**河岸又は河川管理施設を保全するため必要な最小限度の区域**であり、**かつ原則として河川区域の境界から50メートル以内の区域**に限られています（同法54条3項）。例えば、伊勢崎市の準用河川では、河川区域の境界から20メートルの区域を定めているものがあります。

▶▶河川保全区域における行為の制限（河川法55条）

河川保全区域内は、**川裏の河川堤防に近い範囲**になることから、この区域内で土地の掘削、盛土、切土や工作物の新築、改築等を行おうとする者は、河川管理者の許可を受けなければなりません（河川法55条1項）。

この許可に関しては、同法施行令34条1項各号で許可が不要となる耕耘（うん）等の軽易な行為を定めています。ただし、同項2号から5号までの行為には注意が必要です。これらの行為で、河川管理施設の敷地から5メートル以内の土地や河川管理者が指定した距離以内の土地における行為は、河岸や河川管理施設の保全上の支障があるため許可が必要になります。

■河川法

（河川保全区域における行為の制限）

第55条　河川保全区域内において、次の各号の一に掲げる行為をしようとする者は、国土交通省令で定めるところにより、河川管理者の**許可**を受けなければならない。ただし、**政令で定める行為**については、この限りでない。

一　**土地の掘さく、盛土又は切土その他土地の形状を変更する行為**

二　**工作物の新築又は改築**

2　（略）

■河川法施行令

（河川保全区域における行為で許可を要しないもの）

第34条　法第55条第1項ただし書の**政令で定める行為**は、次の各号に掲げるもの（第2号から第5号までに掲げる行為で、河川管理施設の敷地から5メートル（河川管理施設の構造又は地形、地質その他の状況により河川管理者がこれと異なる距離を指定した場合には、当該距離）以内の土地におけるものを除く。）とする。

一　**耕耘**（うん）

二　堤内の土地における地表から**高さ3メートル以内の盛土**（堤防に沿つて行なう盛土で堤防に沿う部分の長さが20メートル以上のものを除く。）

三　堤内の土地における地表から**深さ1メートル以内の土地の掘さく又は切土**

四　堤内の土地における**工作物**（コンクリート造、石造、れんが造等の堅固なもの及び貯水池、水槽（そう）、井戸、水路等水が浸透するおそれのあるものを除く。）**の新築又は改築**

五　前各号に掲げるもののほか、**河川管理者が河岸又は河川管理施設の保全上影響が少ないと認めて指定した行為**

2　第15条第2項の規定は、前項の規定による指定について準用する。

5-6 ◎…「河川管理施設」の種類と概要

▶▶河川法による河川管理施設の種類

河川法13条2項による**河川管理施設等構造令**は、**河川管理施設**又は**工作物の新築等の許可（同法26条1項）を受けて設置される工作物のうち主要なもの**についての構造基準を定めています。

河川管理施設は、同法3条2項に定められているとおり、**⑴ダム**、**⑵堰（せき）**、**⑶水門**、**⑷堤防**、**⑸護岸**、**⑹床止め（とこどめ）**、**⑺樹林帯**、**⑻その他の施設**のことですが、イメージしにくいと感じる人もいるでしょう。

河川管理者として実務を進める上では、これらの施設名称だけでなく、どのような施設なのか、その概要を理解してイメージできることが重要です。そこで、⑴〜⑻の順にわかりやすく解説します。

▶▶河川法による河川管理施設の概要

河川管理施設の多くは、実物を見ただけではその目的や機能がわかりにくく、図で説明されないと施設の効果や構造を理解しにくいものもあります。そこで、まずは図表86を見ながら、河川管理施設をイメージする練習からはじめてみましょう。

⑴ダム

ダムは、主に流水を貯留する目的で整備された構造物です。流水の貯留や放流を行うことにより、治水と利水等の機能を有するものです。河川管理施設等構造令3条では、**基礎地盤から堤頂（ていちょう）までの高さが15メートル以上のものをダムの適用範囲**としています。

図表86　河川管理施設のイメージ

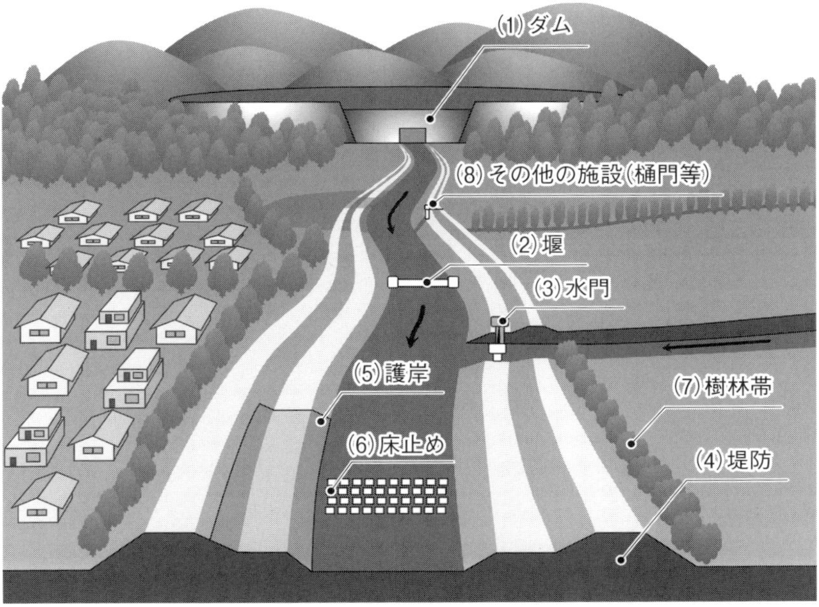

出典：国土交通省資料をもとに作成

⑵堰

堰は、**河川の流水を制御するため、河川を横断して設けられるダム以外の施設で、堤防の機能を有していないもの**です。

この堰は、河川の流水の作用に対して安全で、かつ流下を妨げない構造とします。さらに、堰付近の河川管理施設等の構造に著しい支障を及ぼさないよう、また河床や高水敷の洗掘防止に配慮した構造とします。

堰の効果としては、上流側の水位を上昇させることによって農業等に利用する水を取水しやすくするなどがあります。このように、河川の水位を調整して取水するために設ける堰のことを**取水堰**といいます。

構造上の分類としては、次ページ図表87のような**可動堰**と**固定堰**があります。堰の高さを変化させて上流側の水位を調節できる堰を可動堰といい、そうでない堰を固定堰といいます。

図表 87　可動堰と固定堰のイメージ

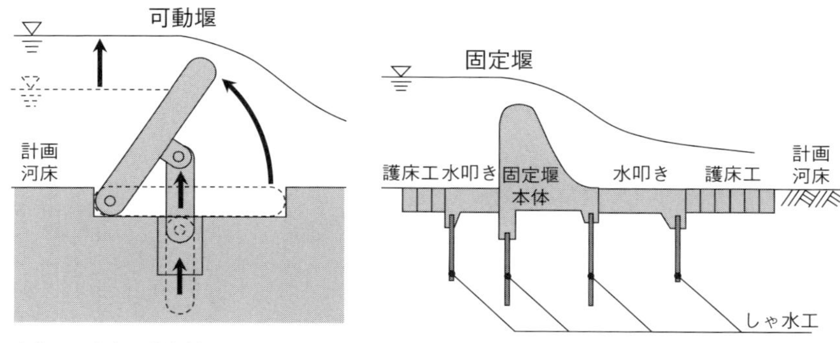

出典：国土交通省資料をもとに作成

⑶水門

水門は、**河川や水路を横断して設けられる制水施設であり、堤防の機能を有するもの**です。

実務においては、**水門、樋門**（ひもん）**、堰の区別**に疑問を感じることがあるかと思いますが、これらを見分けるポイントを理解しておきましょう。

水門、樋門、堰の区別は、まず**堤防の機能を有しているかどうか**で決まります。

ゲートを全閉して堤防の代わりになるものが**水門**と**樋門**です。上に示した図表 87 の**堰**は、ゲートを全閉することができず、堤防の代わりにならないのです。

そして、**水門と樋門の区別**は、**堤防を分断するかどうか**で決まります。**水門**は前ページ図表 86⑶のとおり**堤防を分断して、開渠にゲートを設置する施設**です。

樋門は、前ページ図表 86⑻、図表 88 のように**堤防を分断せず、堤防の中に暗渠を通す構造として、ゲートを設置する施設**です。まだ一度も樋門を見たことがない人は、先に 157 ページ図表 99 を見ると立体的なイメージを持つことができるでしょう。

こうした水門や樋門は、堤防の中の異質な工作物のため漏水（ろうすい）等の原因になる可能性があり、操作・維持管理が必要になってしまうことから、できるだけ少ないほうがよいとされています。

樋門については、その機能を理解するために図表88の①～④の流れを解説します。

①平常時は樋門のゲートを開き、水を河川に流出します。②河川の水位が高くなると河川からの水が住宅側に逆流するため、樋門のゲートを閉めます。③樋門のゲート全閉後は、住宅側からの水の行き場がなくなり、住宅が浸水する内水被害が生じる場合があります。内水被害が発生する場所には、ポンプゲート（167ページ図表109）等が設置されることがあります。④川の水位が低くなり、住宅側への逆流の心配がなくなれば、樋門のゲートを開け、水を河川に流出します。

この樋門によく似ている専門用語としては、**樋管**（ひかん）がありますので少し補足しておきましょう。**樋門と樋管の明確な区別はなく、機能は同じ**です。一般には、**比較的小さなものを樋管、規模の大きなものを樋門**といいます。

図表88　樋門のイメージ

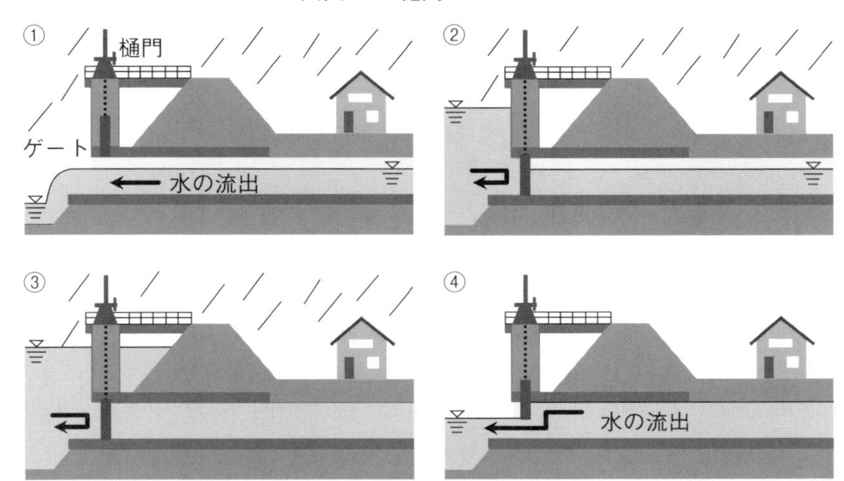

出典：国土交通省資料をもとに作成

⑷堤防

堤防は、**河川の流水が河川外に流出することを防止するため、土砂等によって造られる構造物**です。その種類は、図表89・90のとおりです。

図表89　堤防の種類

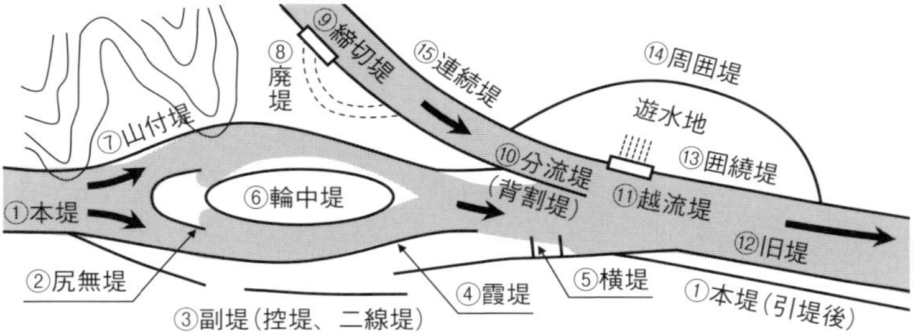

出典：国土交通省資料をもとに作成

図表90　堤防の種類の説明

名　称	説　明
①本(ほん)堤	最も重要な役割を果たすため、流路に沿って設ける堤防
②尻無(しりなし)堤	上流からの水を防ぐために設ける半円型の堤防
③副(ふく)堤	本堤と距離を隔てて設ける堤防(別名は、控堤、二線堤)
④霞(かすみ)堤	洪水時に逆流して貯留できるよう不連続にした堤防
⑤横(よこ)堤	流勢を弱めるため、本堤とほぼ直角方向に設ける堤防
⑥輪中(わじゅう)堤	一定地域を洪水から守るため環状に設ける堤防
⑦山付(やまつき)堤	背後地を守るため、谷を締め切るように設ける堤防
⑧廃(はい)堤	河道の変更等によって不要となった堤防
⑨締切(しめきり)堤	支川・派川・旧川を締め切るために設ける堤防
⑩分流(ぶんりゅう)堤	分流・合流する河川の間に設ける堤防(別名は、背割堤)
⑪越流(えつりゅう)堤	洪水時に越流させて貯留するために低く設ける堤防
⑫旧(きゅう)堤	改築が必要な堤防や改築後も残っている堤防
⑬囲繞(いぎょう)堤	遊水地や調節池で貯留するため、河道に平行に設ける堤防
⑭周囲(しゅうい)堤	遊水地や調節池の周囲に設ける堤防
⑮連続(れんぞく)堤	水流に沿って連続して設ける堤防

出典：国土交通省資料をもとに作成

⑸護岸

護岸は、流水の作用から河岸や堤防を保護するために設けられる構造物です。この護岸には、法覆工、基礎工、根固工等があります。盛土の法面が流水により洗掘されないようにする法覆工には、31ページ図表10の間知ブロックによる石積工等があります。また、法覆工を支持するための基礎工、河床の洗堀防止のための根固工が主に用いられます。

⑹床止め

床止めは、河床の洗堀を防いで河道の勾配等を安定させ、河川の縦断や横断の形状を維持するために河川を横断して設けられる構造物です。

35ページ図表17で解説した石積工による準用河川には、床止めが整備されており、河床の洗堀を防いでいます。構造的には、落差がある床止めを**落差工**、落差が極めて少ない床止めを**帯工**といいます。

⑺樹林帯

樹林帯は、**堤防やダム貯水池の治水上・利水上の機能を維持・増進する機能を有するもの**です。139ページ図表86⑺のような堤防に沿って堤内側に設置した樹林帯は、**越水や破堤によって氾濫した水流を樹木の幹で抑制するもの**です。河川管理施設のうち、樹林帯だけは河川法施行規則1条各号に詳細が定められていますので確認しておきましょう。

堤防に沿って設置する帯状の樹林帯は、同規則1条1号により、**堤防の裏法尻からおおむね20メートル以内の土地**にあるものと定められています。同様に、**ダム貯水池に沿って設置する帯状の樹林帯**は、同規則1条2号により、**流水の最高水位面と土地の接線からおおむね50メートル以内の土地**にあるものと定められています。

⑻その他の施設

その他の施設の中には、**樋門**や**ポンプゲート**等があります。**樋門**は、水門と関連している施設で141ページ図表88に示したとおりです。**ポンプゲートは、ゲートに設置したポンプで強制的に排水する機能を有する施設**であり、後ほど167ページ図表109で解説します。

5 7 ◎…「河川整備基本方針」と「河川整備計画」の関係

▶▶河川整備基本方針と河川整備計画

134ページ図表84のとおり、さまざまな種類の河川はつながっています。このため、河川の工事や維持管理については、本川や支川を含む水系として、一貫した計画の下で進めることが重要になります。

そこで、河川管理者が定める**河川整備基本方針**（河川法16条）と**河川整備計画**（同法16条の2）の概要については、まず図表91を見て、内容や手続を確認しておきましょう。これらの方針や計画に基づいて、**河川の工事や維持管理**が実施されることになるからです。

▶▶公開ウェブサイトを活用する

土木担当の実務としては、**普通河川**や**準用河川**の管理が中心になります。これらの多くは支川であり、流下した先で一級河川等の本川に合流することが多いです。そこで、皆さんが担当する地域がどの水系に含まれ、その水系の河川整備基本方針や河川整備計画がどのような内容になっているのかについて、以下のウェブサイトから確認しておきましょう。

ここでは、その際に理解が進みやすくなるための専門用語等を図表でわかりやすく解説します。

〈ウェブサイト〉
国土交通省「河川整備基本方針・河川整備計画」
https://www.mlit.go.jp/river/basic_info/jigyo_keikaku/gaiyou/seibi/index.html

図表 91　河川整備基本方針と河川整備計画の概要

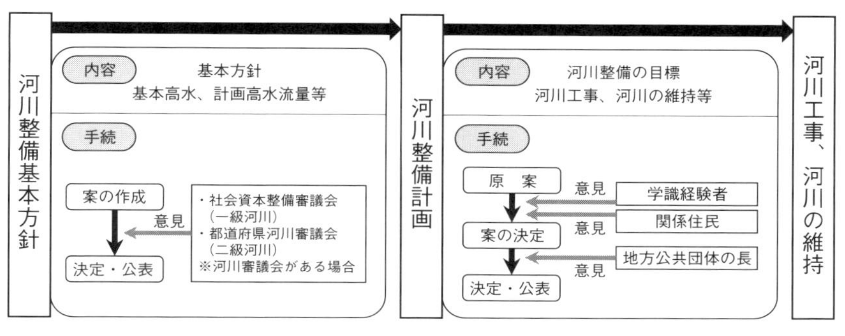

出典：国土交通省資料をもとに作成

▶▶基本高水と計画基準点

図表 91 の**基本高水**（きほんたかみず）とは、**洪水防御に関する計画の基本となる洪水のこと**です（河川法施行令 10 条の 2 第 2 号イ）。この基本高水は、既往洪水を検討し、気候変動による降雨量の増大を考慮して、**計画基準点**（基準地点）ごとに定められます。図表 92 は、**基準地点模式図**であり、水位観測所等の水位標がある地点（A～C）やダム（D、E）は、目標とする安全度を評価する計画基準点（基準地点）の候補地になります。そして、河川整備基本方針では、選定された基準地点における河道の流量や洪水調節施設（ダム等）への調節流量の配分等を定めています。

図表 92　基準地点模式図

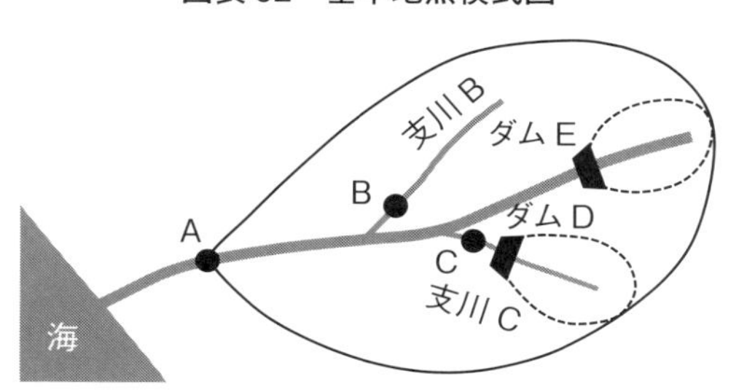

出典：国土交通省資料をもとに作成

▶▶洪水防御に関する計画の考え方

洪水防御に関する計画の基本的な考え方を理解するため、図表93の**基準地点におけるハイドログラフ**（流量が時間的に変化する様子を表したグラフ）を見てみましょう。

まず理解したいポイントは、**基本高水流量**（きほんたかみず）から**洪水調節量**を引いて**計画高水流量**（けいかくたかみず）にすることです。この**計画高水流量**を基に、河道や洪水調節施設が整備されることになるからです。

図表93　基準地点におけるハイドログラフ

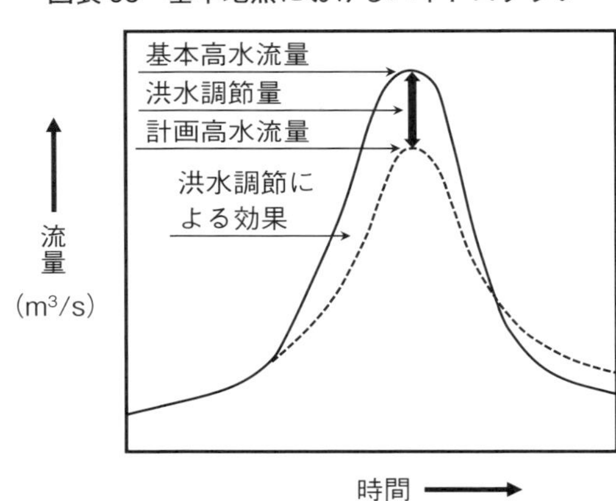

図表94　洪水調節施設のイメージ

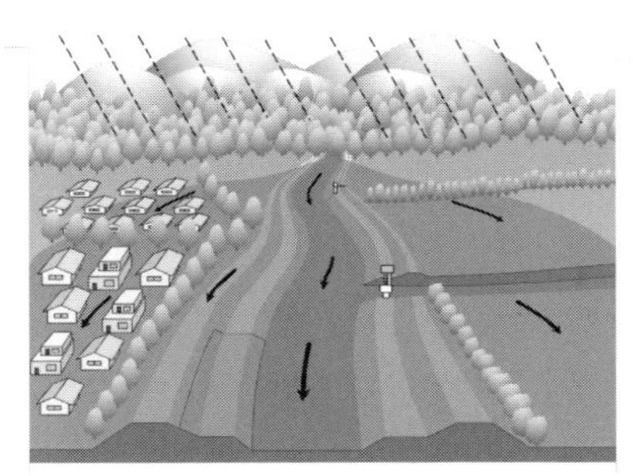

洪水調節施設（ダム・遊水地）なし

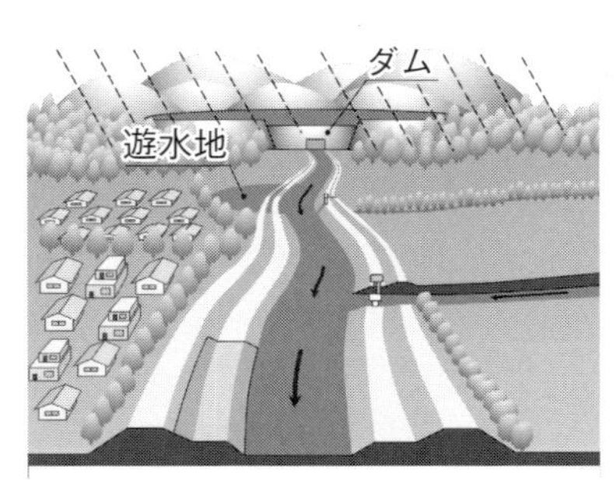

洪水調節施設（ダム・遊水地）あり

では次に、図表93と図表94を見ながら専門用語を理解しましょう。

洪水調節施設とは、図表94の右側のような人工的に建設した洪水調節用の**ダム、遊水地等**であり、洪水流量の一部を貯めて、下流の河道(かどう)に流れる流量を減少させる（調節する）施設のことです。

図表93の**洪水調節量**は、**洪水調節施設**によって減少した（調節された）流量のことです。

基本高水流量とは、**洪水調節施設**による洪水調節がなく、流域に降った計画規模の降雨がそのまま河川に流れる場合の流量のことです。河川整備基本方針では、基本高水のピーク流量という用語が出てきますが、これは図表93の基本高水流量のピークの流量のことです。

計画高水流量とは、河道を設計する際に基本とする流量のことです。図表93のとおり、基本高水流量から各種の洪水調節施設での洪水調節量を差し引いた流量のことで、河道を流れる流量になります。

▶▶利根川流域の河川整備基本方針の事例

では具体例として、利根川流域の河川整備基本方針の概要を見てみましょう。図表95は、**利根川流域の流域界のイメージ**を示しています。

図表95　利根川流域の流域界のイメージ

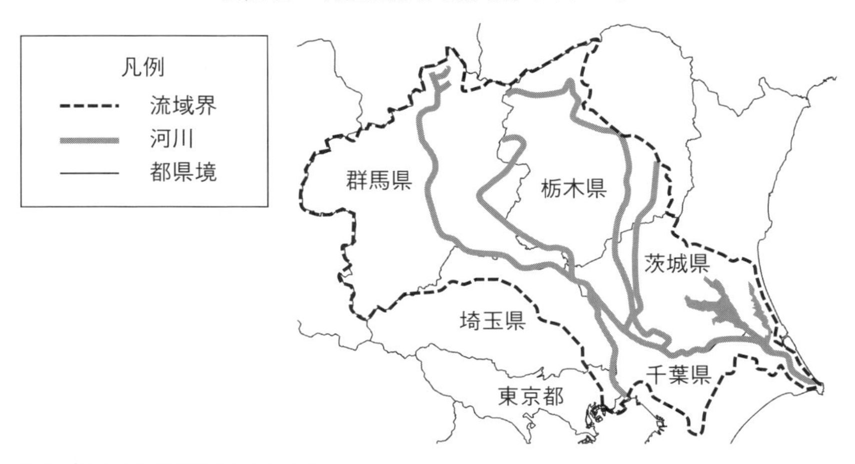

出典：国土交通省資料をもとに作成

図表95を見れば、関東の大部分が利根川流域に入っていることや上流から下流の河川の概要を理解することができます。さらに、河川整備基本方針に目を通すことで、**ダム、遊水地、調節池等の洪水調節施設の位置**や海へ流出する**河口の位置**を詳細に理解することができます。また、複数の**基準地点**があり、本川の最上流の基準地点として群馬県伊勢崎市の**八斗島**（やったじま）があることもわかります。この利根川水系河川整備基本方針では、**基準地点、基本高水のピーク流量、洪水調節施設による調節流量、河道への配分流量等**について、次のとおり示されています。

■利根川水系河川整備基本方針（抜粋）

2. 河川の整備の基本となるべき事項

(1) 基本高水並びにその河道及び洪水調節施設への配分に関する事項

ア　利根川

基本高水は、昭和22年（1947年）9月洪水、昭和57年（1982年）9月洪水、平成13年（2001年）9月洪水等の既往洪水について検討し、気候変動により予測される将来の降雨量の増加等を考慮した結果、その**ピーク流量を基準地点八斗島において26,000m^3/s**とし、このうち**流域内の洪水調節施設等により8,300m^3/s**を**調節**して、**河道への配分流量を17,700m^3/s**とする。

イ～エ　（略）

(2) 主要な地点における計画高水流量に関する事項

ア　利根川

計画高水流量は、本・支川での貯留・遊水機能を踏まえた上で、**基準地点八斗島において17,700m^3/s**とし、それより下流の広瀬川等の支川合流量をあわせ、渡良瀬遊水地の今後の技術の進展を見据えた有効活用により渡良瀬川の合流量及び本川の流量を調節することにより、**栗橋において17,500m^3/s**とする。

（以下、略）

これらの方針は、図表96や図表97のようにわかりやすく図表で整理されており、基準地点やその下流側の洪水調節を踏まえた河道への配分流量を理解することができます。

また、河川整備計画においては、これらの河川整備基本方針に基づいて、河川整備の具体的な計画等が示されています。

図表96　基本高水のピーク流量等の一覧表（一部抜粋）

河川名	基準地点	基本高水のピーク流量 (m³/s)	洪水調節施設等による調節流量 (m³/s)	河道への配分流量 (m³/s)
利根川	八斗島	26,000	8,300	17,700

出典：国土交通省資料をもとに作成

図表97　利根川計画流量配分図

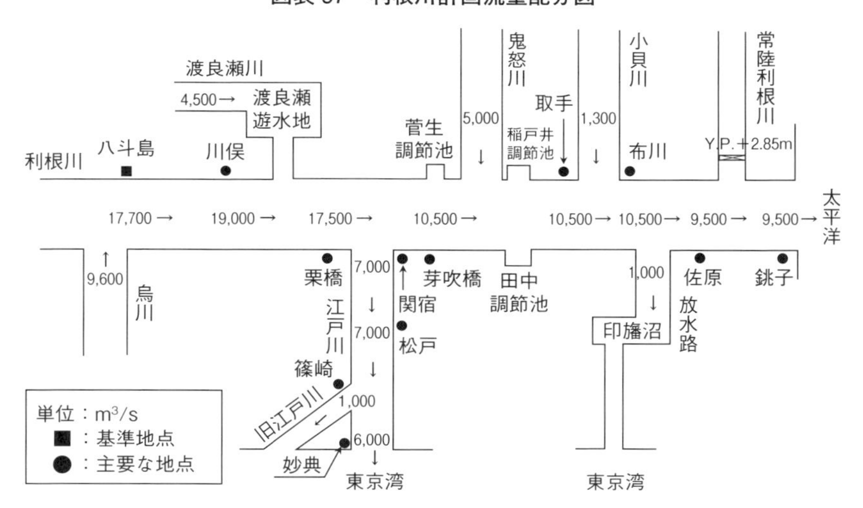

出典：国土交通省資料をもとに作成

5 8 ◎…「河川工事」の施行者の原則

▷▷河川工事の施行者（河川法8条）

河川工事とは、**河川の流水によって生ずる公利を増進し、又は公害を除却し、若しくは軽減するために河川について行なう工事**です（河川法8条）。これらの河川工事は、河川管理上の重要な行為であるため、河川整備基本方針や河川整備計画に基づき、**河川管理者が実施することが原則**になります。

ただし実務上は、河川管理者が実施する河川工事ばかりではありません。例えば、堤防と道路のように河川管理施設がそれ以外の施設の効用を兼ねる場合には、各管理者が協議を行うことによって河川管理者以外の者が**兼用工作物の工事**を行うことがあります（同法17条）。

また、河川を損傷した行為や河川の現状を変更する必要を生じさせた行為により、その原因者が**工事原因者の工事**を行うことがあります（同法18条）。30ページ図表9で解説した橋梁架設工事の原因者が行う堤防の護岸工事もその一例です。

それ以外には、河川工事により必要となった工事等を行う**附帯工事**（同法19条）、後述する**承認工事**（同法20条）等により、河川管理者以外の者による河川工事が行われることがあります。

▷▷承認工事（河川法20条）

河川管理者ではない他の行政機関、地方公共団体や私人が、河川工事や維持を行うことを希望する場合、河川管理者からの承認を受けて工事を行うことができ、このような工事のことを**承認工事**といいます（河川法20条）。

この承認を受けようとする場合には、工事の設計及び実施計画又は維持の実施計画を記載した承認申請書を河川管理者に提出して承認を受けなければなりません（同法施行令11条）。ただし、**草刈り、軽易な障害物の処分その他これらに類する小規模な維持**は、承認を受けなくてもよいことになっています（同法施行令12条）。

設置後の工作物や施設については、同法20条による承認を受けることにより、同法3条2項ただし書きの同意の手続を経なくても、当然同意があったものとして**河川管理施設**となります。

河川管理者の管理とせず、工作物や施設の施行者が管理を行うものとする場合には、後述する同法26条による**工作物の新築等の許可**を受けて設置することになります。

なお、**承認工事に要する費用は、その施行者の負担**となります（同法69条）。

■河川法

（河川管理者以外の者が行なう工事等に要する費用）

第69条　第20条の規定により河川管理者以外の者が行なう河川工事又は河川の維持に要する**費用は、当該河川工事又は河川の維持を行なう者が負担しなければならない。**

▶▶河川の台帳の保管等（河川法12条）

河川法12条は、河川の台帳の保管等を定めています。河川管理者は、管理する河川の**台帳**を調製し、保管しなければなりません（同法12条1項）。そして、河川管理者は、河川の台帳の閲覧を求められた場合、正当な理由がなければ拒むことができません（同法12条4項）。

自治体の規則では、台帳の保管場所等を定める準用河川管理規則を定めていることがありますので、関連する例規を確認しておきましょう。

5 9 ◎…河川の「占用許可」等

▶▶河川法による許可の概要

河川法による主な許可の種類としては、**流水の占用の許可**（同法23条)、**土地の占用の許可**（同法24条)、**土石等の採取の許可**（同法25条)、**工作物の新築等の許可**（同法26条)、**土地の掘削等の許可**（同法27条）があります（図表98)。

また、全国的に見られる一般的な行為ではないものの、政令や条例に基づく許可の種類として、竹木の流送等の禁止、制限又は許可（同法28条)、河川の流水等について河川管理上支障を及ぼすおそれのある行為の禁止、制限又は許可（同法29条）があります。

図表98　公物の使用関係（河川法）

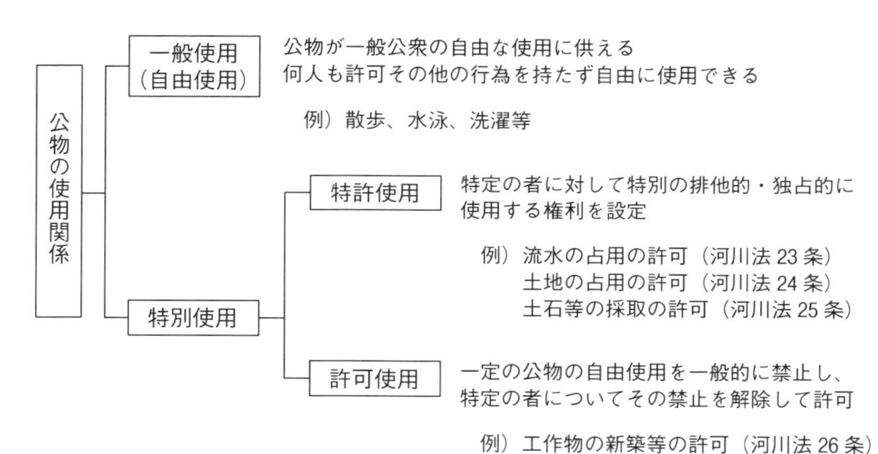

出典：国土交通省資料をもとに作成

土木担当は、河川管理者として許可を与える場合だけでなく、橋梁工事等を実施するための申請者として許可を申請する場合があります。まずは、河川法による許可の概要を理解しておきましょう。

図表98は、**公物の使用関係（河川法）**を示しています。河川区域内の土地は、公共用物として一般公衆の自由な使用（一般使用）に供されるべきであり、その占用等は原則として認められるべきではありません。

しかし、橋梁のように社会的な必要性が高い場合には、土地の占用等が許可される場合があります。また、補足になりますが、図表98に示した許可については、全ての行為が対象になるわけではなく、政令で許可の適用除外となる行為を定めている場合があります。このため、実務においては、法令等をよく確認して対応するようにしましょう。

▶▶流水の占用の許可（河川法23条）

河川の流水を占用しようとする者は、一部の例外を除き、河川管理者の許可を受けなければなりません（河川法23条）。

例えば、農業用水、工業用水、上水道用水等の特定目的のために必要な限度で流水を使用する場合には、流水の占用の許可が必要になります。

この流水の占用の許可は、特定の者に対して特別の排他的・独占的に使用を認めるものであり、公物の使用関係では**特許使用**に該当します（図表98）。この特許使用は、後述する土地の占用の許可（同法24条）や土石等の採取の許可（同法25条）も同様です。

▶▶土地の占用の許可（河川法24条）

土木担当の実務上、多くの対応があるものの1つが土地の占用の許可になります。河川管理者の権原により管理する河川区域内の土地を占用しようとする者は、河川管理者の許可を受けなければなりません（河川法24条）。例えば、橋梁架設工事を実施する場合には、土地の占用の許可が必要です。この河川を対象とした河川法24条（土地の占用の許可）の許可基準については、道路を対象とした道路法33条（道路の占用の許可基準）のような、法令による定めがありません。許可の判断は河川管理者に委ねられており、126ページ図表82に示した**河川敷地占用許可準則**という通達を参考にすることができます。

土石等の採取の許可（河川法25条）

河川管理者の権原により管理する河川区域内の土地において、土石等を採取しようとする者は、河川管理者の許可を受けなければなりません（河川法25条）。

例えば、土石のほか政令で定める竹木等を採取する場合には、土石等の採取の許可が必要になります。

工作物の新築等の許可（河川法26条）

河川区域内の土地において工作物を新築・改築・除却しようとする者は、河川管理者の許可を受けなければなりません（河川法26条）。

例えば、橋梁架設工事を実施する場合には、前述の土地の占用の許可（同法24条）と併せてこの工作物の新築等の許可（同法26条）が必要になります。

同法26条の行為については、一般公衆の自由な使用に支障が生じるおそれがあるため一般的に禁止し、個別の許可申請を審査することによって特定の者について禁止を解除して許可するものであり、公物の使用関係では**許可使用**に該当します（152ページ図表98）。この許可使用は、後述する土地の掘削等の許可（同法27条）も同様です。

なお、同法30条は、同法26条の許可を受けて工作物を新築・改築した者は、当該工事について河川管理者の**完成検査**を受け、これに合格した後でなければ、当該工作物を使用してはならないことを定めています。

そして同法31条は、同法26条の許可を受けて工作物を設置した者が**その用途を廃止したとき**は、速やかに河川管理者に**届け出**なければならないことを定めています。

▶▶土地の掘削等の許可（河川法27条）

河川法26条の許可を受けて工作物の新築等のためにするものを除き、河川区域内の土地においては、土地の掘削・盛土・切土その他土地の形状を変更する行為や竹木の栽植・伐採をしようとする者は、河川管理者の許可を受けなければなりません（同法27条）。

同法26条の許可を受けた工作物の新築等については、そのために行う土地の掘削等を含めて許可されたものと考えられるため、同法27条の許可は不要として取り扱うことが適当とされています。

▶▶かわまちづくりの取組み

河川空間は、その地域の生活や風土を映し出す場所になります。全国各地では、魅力が感じられる河川空間の形成を進めるため、河川法24条や26条による許可を含めて、さまざまな制度を活用することによる**かわまちづくり**が進められています。かわまちづくりとは、河川空間とまち空間が融合した、良好な空間形成を目指す取組みのことです。

国土交通省による「かわまちづくり計画策定の手引き　第1版」には、「「かわまちづくり」では、「かわ」とそれにつながる「まち」を活性化するため、地域の景観、歴史、文化及び観光基盤等の「資源」や地域の創意に富んだ「知恵」を活かし、市町村、民間事業者及び地元住民と河川管理者の連携の下、地域の「顔」、そして「誇り」となるような空間形成を目指します。」と説明されています。

以下のウェブサイトでは、河川空間とまち空間が溶け合うような、居心地のよい空間形成の事例が紹介されています。河川空間を上手に活用するための情報を収集する際に閲覧することをお勧めします。

〈ウェブサイト〉
国土交通省「かわまちづくり」
https://www.mlit.go.jp/river/kankyo/main/kankyou/machizukuri/

5 10 ◎…河川管理施設等の「維持・修繕」

▶▶河川管理施設等の維持・修繕

河川管理者又は許可工作物の管理者は、河川管理施設又は許可工作物を良好な状態に保つように**維持・修繕**し、公共の安全が保持されるように努めなければなりません（河川法15条の2）。**維持**とは、除草・伐採等を含めた通常の機能を維持する行為であり、河川工事には含まれません。**修繕**とは、損傷箇所の修復等を含めた河川の機能低下を原状に回復するための行為であり、河川工事に含まれます。

土木担当の実務では、河川の水位が高くなる**出水期**（6月から10月まで）前に、目視や動作確認による点検を実施し、その結果に基づいて維持・修繕を行うことが多いです。また、施設への落雷等、不測の事態が起こった場合には、迅速に対応する必要があります。

土木担当は、一級河川等の大きな許可工作物（樋門等）から普通河川の小さな水路まで、さまざまな維持・修繕を担当することになります。そこで、維持・修繕のうち対応頻度が多い実務について解説します。

▶▶除草・伐採

除草・伐採によって河川の断面を確保し、流水や維持管理に悪影響が及ばないようにしておくことは重要です。例えば、図表99のような除草業務を業者に発注したり、職員が行ったりします。除草・伐採については、住宅に近接する狭い場所等での苦情や要望が寄せられることもあり、その都度、現場の状況を確認して対応することが重要です。

特に小さな普通河川では、現場によってさまざまな断面や周辺環境があり、対応方法も一律ではありません。例えば、水路敷地の範囲が狭い現場では、立ち入って除草作業することが困難な場合もあり、定期的に除草剤を散布しなければならない場合があります。また伐採についても、大きな木の場合には、住宅の近接状況にも配慮した作業の検討が必要になることもあります。このため、**除草・伐採の苦情や要望への対応**については、**まず何よりも現場の状況を確認することが重要**です。その上で、職員による除草・伐採作業で容易に対応することができるか、専門の業者に発注を行うべきかなどの検討が必要になります。

図表99　除草業務前後の河川堤防（樋門周辺）

除草業務前　　除草業務後

▶▶さまざまな除草業務のあり方

除草業務については、業者に発注する方法や職員が実施する方法等、いくつかの方法が考えられます。主に、次の(1)から(3)までの方法が考えられますが、**苦情内容や緊急性に応じて臨機応変に対応する**ためには、これらの**複数の方法を組み合わせることによって、迅速な対応を可能にしておく**ことも検討に値します。

⑴業者発注による方法

除草業務を業者へ発注する場合には、各現場の状況を確認して除草業務内容を適切に判断する必要があります。除草方法は、肩掛け式の機械除草、自走式の機械除草、人力除草、芝刈式の除草、薬剤散布等があり、その除草業務内容によって費用が異なるためです。現場の広さ、平坦性、周囲の状況等を踏まえて、各地に適した除草方法を選定し、発注数量を決める必要があります。また、伐採業務を発注する場合には、樹高、幹回り、本数等を確認しておきましょう。

⑵会計年度任用職員による方法

会計年度任用職員の採用により、通年で除草業務を実施する方法があります。会計年度任用職員による方法の特長としては、業者発注や職員による方法とは異なり、基本的には常時対応が可能ということです。緊急を要する場合等で業者を手配する時間的な余裕のない場合や臨機応変な除草範囲の変更等に対する機動性や柔軟性に優れています。

⑶職員による方法

例えば、特に緊急性が高い苦情対応や休日の苦情対応等、業者発注や会計年度任用職員による対応がどうしても困難な状況も考えられます。このような場合に備えて、職員が刈払機（かりばらいき）を使用した除草実務のための研修等を受講することにより、緊急時に職員が直接、除草業務に従事できるようにしておくことも重要です。

▶▶天端コンクリート・防草シート

草や木は成長し続けるため、1回の除草・伐採でその後の対応が終わることはほとんどありません。このため、除草･伐採を行った現場では、図表100の**天端コンクリート**や防草シートを施工することにより、その後の除草・伐採の負担を軽減することも有効です。これらの対策が可能な現場とそうでない現場がありますが、除草・伐採の対応が多い現場で対策可能であれば、実施に向けて検討しておくとよいでしょう。

図表 100　水路用地内の天端コンクリート整備

▶▶浚渫・土砂撤去

図表 101 の側溝や水路は、内部に土砂や落ち葉等が堆積すると流水が阻害されてしまい、これが原因で冠水が発生する場合があります。このため、日常の点検に基づき、浚渫や土砂撤去を行うことがあります（次ページ図表 102）。図表 101 の**開渠の水路等**は、堆積した土砂等の目視確認や撤去作業が容易であるため、農業用水路で利用されていることが多いです。ただし、このような開渠の水路等は、特に草木、落ち葉、ゴミ等の落下物が堆積しやすく、日常の点検では注意が必要になります。

図表 101　側溝や水路のイメージ

暗渠の側溝等

落蓋式 U 型側溝
（道路の排水施設等）

蓋で覆われています

開渠の水路等

U 型側溝
（排水路等）

柵渠
（農業用水路等）

底面がコンクリートではありません

図表102　土砂撤去作業前後の水路

土砂撤去作業前　　土砂撤去作業後

図表103　角落としのイメージ

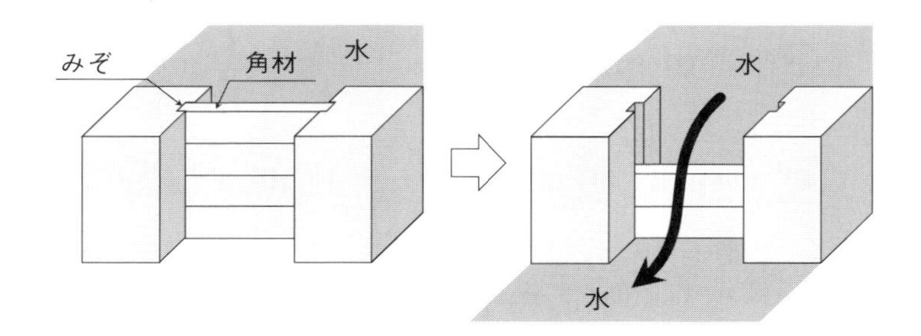

浚渫は、一般に高圧の洗浄水で土砂を一定方向に押し流して吸引する方法がとられます。ただし、蓋のない開渠では周辺に土砂が飛散してしまうため、住宅が密集する地域等では採用が困難な場合が多いです。このような場合には、人力等による**土砂撤去**の方法をとります。

また、図表101の1番右側に示した**柵渠**（さっきょ）と呼ばれる水路は、農業用水路で多く利用されていますが、底面がコンクリートでなく土のため、高圧洗浄による浚渫ができないことが注意点です。このような場合も、人力等により土砂を撤去することが一般的です。農業用水路の中には、図表103のように農地へ取水するために水位を調整する**角落とし**（かく）が設置されている場合があるので、作業時には十分注意する必要があります。

また、土砂撤去に併せて、水路の修繕や天端コンクリートなど、複数の工種を1つの工事で発注することも効率的・効果的な手法です。

▷▷防護柵設置・蓋掛け

水路等の安全上、転落防止のために**防護柵**を設置することがあります。

その高さは、**防護柵の設置基準**（平成16年3月31日道路局長通達）を参考に**1.1メートル以上の高さ**とすることが一般的です。また、一部の水路上に**蓋掛け**を行い、暗渠にすることがあります。ただし、農業用水路等では、堆積土砂の確認・撤去等の管理上の必要性から、開渠を基本としていることが多いため、現場の状況を確認した上で、主に防護柵設置を検討します。

▷▷河床コンクリート

河道が大きく曲がる部分では、流水による河床からの土砂の吸出し等が起こりやすく、河道の外側の地盤に空洞や陥没が生じる場合があります。このような状況を確認した場合には、できるだけ早期に応急措置を行うことが求められます。まずは、土のうや蛇籠（じゃかご）等で弱点箇所を補強するなどして、状況の悪化を防ぐことが第一です。また、河川の水位が低下した**渇水期**（11月から5月まで）であれば、一時的に河道を切り回すなどにより河床にコンクリートを施工し、河床からの吸出しを防止するための工事を検討する必要があります。

▷▷風水害災害対策業務

さまざまな風水害の災害対策業務を行う上で、職員による作業だけでは対応が困難となる可能性があります。そのような場合に備えて、風水害災害対策業務を単価契約で委託することも検討に値します。

緊急時に広範囲に渡る災害対策業務を実施するためには、**土のう設置、ポンプ排水等**の業務を単価契約することで、専門的な知識や経験を有する受託業者と連携した風水害対策業務が可能となります。こうした委託契約を締結しておけば、職員と専門業者による迅速な対応に備えることができます。

5 11 ◎…「流域治水」がまちの危機を救う

▶▶気候変動による短時間強雨の頻発

近年では、台風、ゲリラ豪雨、線状降水帯等による全国の水害が多発しています。国土交通省の資料によれば、時間雨量50ミリメートルを超える短時間強雨の発生件数は、約40年で約1.5倍に増加したというデータも示されているところです。

そして、こうした気候変動による水害発生は、今後も増えていくことが予想されています。

▶▶全ての人の協力による流域治水へ

気候変動による水害の増加が懸念される状況の中で、河川管理者による河川整備だけではなく、さまざまな人の協力のもとで治水対策を実現する**流域治水**の考え方が重要と考えられるようになりました。

図表104には、**流域治水の流域のイメージ**を示しています。**流域治水**とは、**雨水が河川に流入する地域（集水域）から、河川の氾濫で浸水が想定される地域（氾濫域）までの流域に関わる全ての人が協力して行う水害対策のこと**です。

河川管理者が主体となって行う従来の治水対策に加え、**集水域**や**氾濫域**を含めた**流域全体で水害を軽減させる**という考え方が浸透してきています。河川管理者だけでなく、全ての人の協力が流域治水を実現するということを念頭に置いて、総合的かつ多層的な対策を実施することが重要になります。

▶▶流域治水の実現に向けた取組み

図表104には、流域治水の実現に向けた取組みの一例も示しています。

例えば、**堤防整備・強化**、**河道掘削**という河川の対策に加えて、雨水貯留施設の整備、水田貯留、ため池等の活用、学校施設の浸水対策等、**流域全体での水害対策**を概観することができます。また、以下のウェブサイトでは、さまざまな**流域治水プロジェクト**が紹介されています。

〈ウェブサイト〉
国土交通省「流域治水プロジェクト」
https://www.mlit.go.jp/river/kasen/ryuiki_pro/index.html

図表104　流域治水の流域のイメージ

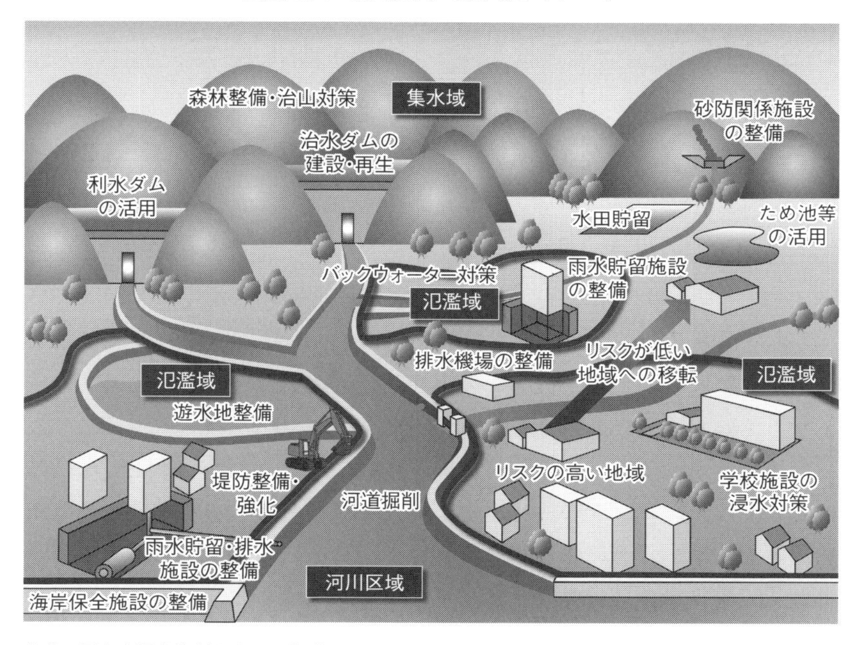

出典：国土交通省資料をもとに作成

▶▶流域治水の施策

流域治水を推進するための施策は複数ありますが、主に図表105の⑴～⑶に示す3つの大きな対策に分類できます。

この分類は、⑴**氾濫をできるだけ防ぐ・減らすための対策**、⑵**被害対象を減少させるための対策**、⑶**被害の軽減、早期復旧・復興のための対策**の3つです。これらの3つの対策の概要とともに、土木担当が理解しておきたい治水上の対策について解説します。

図表105　流域治水の施策の例

(1)氾濫をできるだけ防ぐ・減らすための対策	(2)被害対象を減少させるための対策	(3)被害の軽減、早期復旧・復興のための対策
雨水貯留施設の整備 ため池等の治水利用 治水ダムの建設・再生 利水ダムの活用 遊水地整備 河床掘削 雨水排水施設等の整備 堤防整備・強化　　等	土地利用の規制 土地利用の誘導 移転促進 水害リスク情報提供 二線堤の整備 自然堤防の保全　　等	水害リスク情報の充実 多段型水害リスク情報 長期予測の技術開発 浸水・決壊の常時把握 建築物等の浸水対策 BCPの策定 TEC-FORCEの体制強化 排水門等の整備　　等

出典：国土交通省資料をもとに作成

⑴氾濫をできるだけ防ぐ・減らすための対策

この対策については、従来から実施してきた集水域や河川区域での施策が考えられます。まず、雨水を貯留するための雨水貯留施設の整備、ため池等の治水利用や水田貯留が挙げられます。ため池や水田の活用等に関しては、次ページの農林水産省ウェブサイト内にある農地・農業水利施設を活用した流域治水プロジェクト一覧（一級水系）を参考にすることができます。

また、同ウェブサイトには『「田んぼダム」の手引き』等が紹介されています。図表106に示す**水位調整板**や**流出調整板**を用いた**田んぼダムによる排水量抑制**をはじめ、農地・農業水利施設を流域治水へ活用する方法を確認したい場合には、ぜひ目を通しておきましょう。

〈ウェブサイト〉

農林水産省「流域治水の取組」

https://www.maff.go.jp/j/nousin/mizu/kurasi_agwater/ryuuiki_tisui.html

図表 106　田んぼダムによる排水量抑制のイメージ

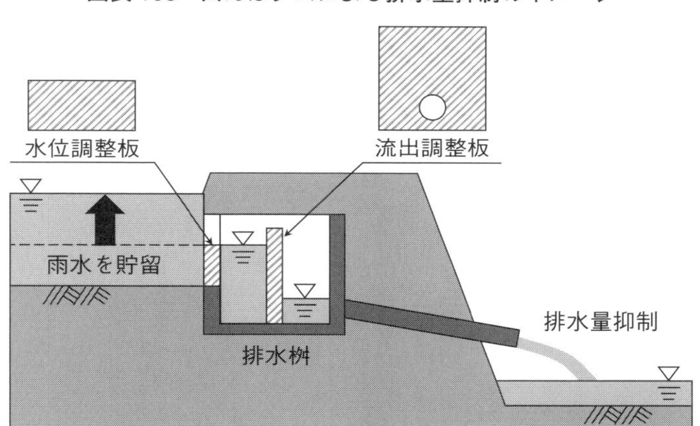

出典：農林水産省資料をもとに作成

さらに、治水ダムの建設･再生、利水ダムの活用のほか、遊水地整備、**河床掘削**、雨水排水施設等の整備、**堤防整備・強化等**が挙げられます。

堤防整備・強化については、図表 107 に示すとおり、堤防を高くする**堤防の嵩上げ**（かさあげ）や河川の幅を拡大する**引堤**（ひきてい）があります。

図表 107　河床掘削、堤防の嵩上げ、引堤のイメージ

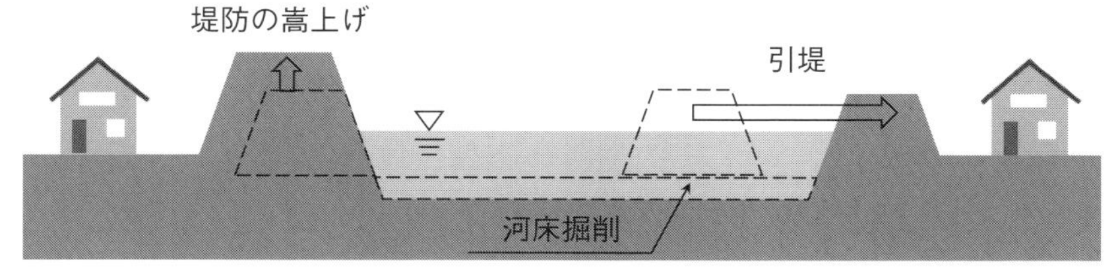

出典：国土交通省資料をもとに作成

なお、**遊水地**とは、洪水を一時的に貯めて、洪水の最大流量（ピーク流量）を減少させるために設けた区域のことで、**調節池**と呼ぶこともあります。遊水地には、河道と遊水地の間に特別な施設を設けない自然遊水の場合と、河道に沿って調節池を設け、河道と調節池の間に設けた**越流堤**から一定規模以上の洪水を調節池に流し込む場合があります。

⑵被害対象を減少させるための対策

この対策については、氾濫域での対策が考えられます。

土地利用の規制や誘導、リスクが低い地域への移転促進、不動産取引時の水害リスク情報提供等が挙げられます。

土地利用の規制や誘導については、**立地適正化計画**の策定と連携した検討を進め、居住誘導区域から災害レッドゾーン（災害危険区域、土砂災害特別警戒区域、地すべり防止区域、急傾斜地崩壊危険区域）を除外するとともに、居住誘導区域内で行う防災対策・安全確保策を定める防災指針を作成することが考えられます。

なお、**二線堤**とは、図表108のとおり堤防の背後（堤内地側）に作られる堤防のことをいいます。本堤が決壊した場合に、洪水氾濫の拡大を防ぎ、被害を最小限にとどめる役割を果たします。

図表108　二線堤による氾濫被害減少のイメージ

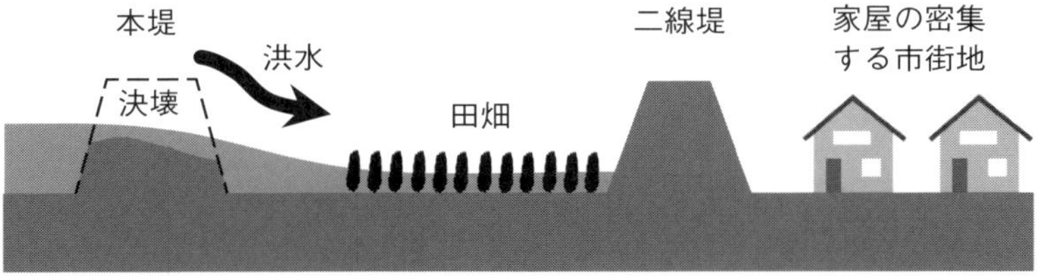

本堤
洪水
決壊
田畑
二線堤
家屋の密集
する市街地

出典：国土交通省資料をもとに作成

⑶被害の軽減、早期復旧・復興のための対策

この対策については、主に氾濫域での対策が考えられます。水害リスク情報の充実、多段型水害リスク情報の発信、長期予測の技術開発、浸水・決壊の常時把握、建築物等の浸水対策、BCP（事業継続計画）の策

定、官民連携による**TEC-FORCEの体制強化**、**排水門等の整備等**が挙げられます。

TEC-FORCEとは、**国土交通省緊急災害対策派遣隊**のことで、大規模な自然災害時に被害状況の迅速な把握、被害の発生及び拡大の防止、被災地の早期復旧等に取り組み、自治体を支援するものです。

なお、**排水門等の整備**の一例として、**ポンプゲート**を図表109に沿って解説します。これは、ゲートに設置したポンプによって排水するために設けられる施設です。

まず、①平常時は樋門とポンプゲートの両ゲートを開き、水を河川に流出させます。②河川の水位が高くなると、河川からの水が住宅側に逆流するため樋門のゲートを閉めます。③ポンプゲートのゲートも閉めることで両ゲートが閉まります。④樋門のゲートを開け、ポンプを稼動することで強制的に水を河川に流出します。ポンプの強制排水によって吐出水槽と河川の水位に差が生じ、水が河川側に自然流下します。

図表109　ポンプゲートのイメージ

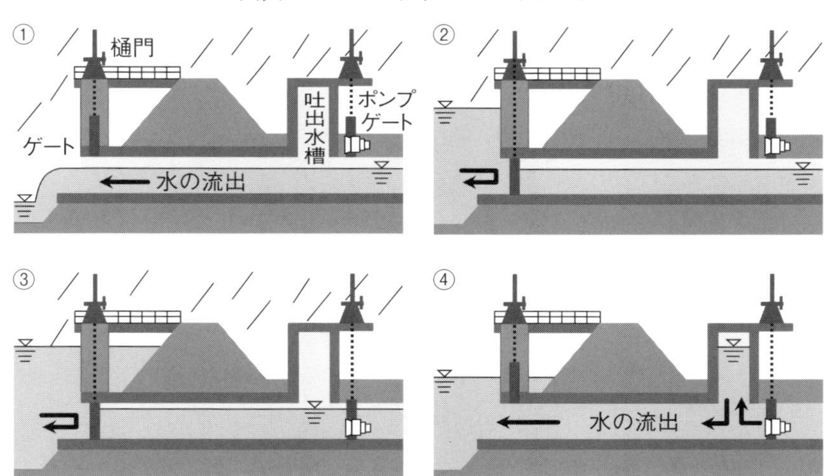

▶▶流域治水関連法の最新動向を捉える

流域治水の実効性を高めるために「特定都市河川浸水被害対策法等の一部を改正する法律」（令和3年法律第31号。通称「流域治水関連法」）が令和3年5月10日に公布されました。また、同年7月15日に一部の規定が施行され、同年11月に全面施行されました。

これらの改正法に関係する資料については、以下のウェブサイトに掲載されています。

〈ウェブサイト〉
国土交通省「流域治水関連法」
https://www.mlit.go.jp/river/kasen/ryuiki_hoan/index.html

流域治水関連法の施行により、特定都市河川浸水被害対策法に基づく**特定都市河川**の指定は30水系382河川に拡大しています（令和7年1月28日時点）。

この**特定都市河川**については、流域水害対策協議会等における協議を踏まえて、河川管理者や地方公共団体等が共同して流域水害対策計画を策定します。そして、同計画に基づき、ハード整備の加速に加え、国・都道府県・市町村・企業等のあらゆる関係者の協働による水害リスクを踏まえたまちづくり・住まいづくり、流域における貯留・浸透機能の向上等が進められています。

この**特定都市河川**に関しては、以下のウェブサイトで詳しく紹介されていますので、実務の参考にすることができます。

〈ウェブサイト〉
国土交通省「特定都市河川ポータルサイト」
https://www.mlit.go.jp/river/kasen/tokuteitoshikasen/portal.html

第6章

土木担当の仕事術

6-1 ◎…信頼できる「地図」の情報を活用する

▶▶町名を把握し土地勘を養うことが第一

土木担当の仕事を行う上では、さまざまな地域の問合せに対応するために、**町名**を把握し**土地勘**を養うことが何よりも重要です。その上で、災害時には迅速な対応を図るため、場所を即座に特定する能力が求められることも土木担当の仕事の特徴といえます。そこで、本節ではこれらの能力を身につけるためのノウハウを解説します。

まず、観光名所や公共施設の名称等が記載されている「観光マップ」を用意しましょう。観光マップの裏面は、図表110のように折り込む部分を製本テープで補強します。土木担当の仕事では、折りたたんだ地図を何度も開閉するため、すぐに破けて、裂けてしまうからです。

▶▶観光マップに情報を書き込む

観光マップには、**仕事を進める上で重要になる情報を書き込んでいきましょう**。道路工事現場は赤色、冠水・湧水(ゆうすい)注意箇所は紺色、用水路は水色、土地区画整理事業区域は緑色などと、自分なりに書き込む色のルールを決めておくと、情報を見つけやすくなります。

観光マップに情報を書き込んでおけば、問合せを受けた際に場所や目印を伝えるための強力な武器になります。また、これを見れば近くの目印をすぐに発見することができますし、苦情の原因が工事であるかどうかもある程度予測できます。また、災害時に、係員を集めて情報共有する際にも役立ちます。

豊富な情報が書き込まれた観光マップは、実務の宝物になります。

図表110　観光マップ裏面の製本テープ補強

▶▶ウェブサイトからの情報も活用する

近年では、信頼できる「地図」の情報をウェブサイトから得ることも可能ですので、積極的に活用してみましょう。

例えば、自治体のウェブサイト上に公開されている**地理情報システム**（GIS：Geographic Information System）を参照し、市道認定路線や都市計画道路などの情報を観光マップに書き込むことも効果的です。

また、「この道路はいつ頃からあったのだろうか？」「この河川はいつ頃からこの形だったのだろうか？」など、過去に遡った情報を知りたい場合もあるでしょう。そのような場合には、以下のウェブサイトに**過去の地図や空中写真**が公開されていますので、現在の地図と照らし合わせると道路や河川などの時間的な変化を確認することができます。

〈ウェブサイト〉

国土交通省国土地理院「地図・空中写真・地理調査」

https://www.gsi.go.jp/tizu-kutyu.html

6 2 ◎…「相手の立場」に立った説明が納得を生む

▷▷「自分」は自分自身？　それとも相手？

私は、大阪府泉佐野市に６年間ほど住んでいたとき、言葉による文化的な違いを感じたことがありました。

その言葉とは、「自分、めっちゃおもろいやん！」です。

私は、それまで関西に住んだことがなかったため、最初にこの言葉を聞いたとき、その意味がよくわかりませんでした。しかし、６年間ほど聞き慣れると、これは相手に対する最高の褒め言葉であることがわかるようになりました。

何をお伝えしたいかというと、**この言葉でいう「自分」とは、相手を指している**ということです。

関東で「自分」と言う場合には、文字どおり自分自身のことを指します。しかし、いつも相手を楽しませ、相手への気遣いを忘れない関西の人たちの間では、「自分」を相手の意味で使うことがよくあります。

つまり、「自分」とは、自分自身のことではなく、相手のことだと認識する文化があるということです。

皆さんは、土木担当の仕事をしているとき、自分本位で仕事をしてしまっていませんか？　「相手の立場」になりきれてから交渉できていますか？　用地交渉や補償交渉など、さまざまな交渉をするときに、相手のことを「自分」と思えるようになってから臨めていますか？

この問いは、私が講演会や研修会の講師を担当するようになってからも役立つことが多く、部下にもよく話す重要な心構えです。

▶▶「相手の立場」になりきれていますか？

相手の反応は、自分自身を映し出す鏡です。

例えば、交渉に際しては、土木担当が説明しなければならない内容のみを伝えるのではなく、相手がその内容を受け止めた際に、どのようなことを考えるか、どのようなことを質問するかを十分に想定しておくことが重要です。自分自身を振り返ってみても、交渉相手が納得しなかったケースでは、準備が甘かったと反省する場合がほとんどです。

土木担当が用地交渉や補償交渉に臨む際には、用地取得費、物件移転補償費、工事着手予定時期等、自らの実務の検討結果を伝えることだけに注力してはなりません。相手の立場に立って、相手に買取証明書が到着する時期、それを使用することになる確定申告の時期、登記が完了する見込みの時期等、相手が心配するであろう内容までしっかりと説明して、納得を得ることを心掛けましょう。

▶▶より「相手の立場」を重視する時代に

皆さんが、講演会や研修会に参加した際も、本当に良かったと感じるのは、自分にとって有益な内容だったときや、求めている情報が得られたときでしょう。つまり、講演会や研修会の内容そのものの完成度よりも、それを受講した相手にとってどうだったかが問われるのです。

昨今、多くの自治体で盛んに取組まれているDX（デジタルトランスフォーメーション）やスマートシティ、押印廃止等も、電子化が主流となった「相手の立場」重視の時代にふさわしい取組みとして今後も深化していくでしょう。

「自分」とは相手のこと。自分自身の準備が整っただけで、**相手の立場に立った準備ができていないときは、まだ実は半分しか準備できていないのです。**「相手がどう思うかまで考えて準備できた上で、交渉や講演会、研修会に臨めている状況だろうか？」。そのように自問しながら、「相手の立場」重視で、幅広く対応できる土木担当になることを意識して行動しましょう。

6 3 ◎…「クリーンハンズの原則」で職場を守る

▶▶法を守る者だけが法に守られる

皆さんが担当している用地交渉や補償交渉の場面で、**不当な要求等**の**ハードクレーム**を受けたらどうしますか。経験の浅い業務を行う中で判断に迷ってしまうとき、どのように対応すべきでしょうか。

「もしハードクレームを受けても、絶対に屈しない」という私の信念を支えてくれているのが「クリーンハンズの原則」です。

クリーンハンズとは、直訳すれば「きれいな手」。つまり「法を守る者だけが法の救済を受けることができ、自ら不法に関与した者は法の救済を受けることはできない」ということを意味しています。私は、オンライン通信教育講座で民法を学習していた際に、この原則の解説を学んで以降、職場でハードクレームがあった際には必ず部下にも伝えています。

法律に詳しい人であれば、民法708条の「不法原因給付」もクリーンハンズの原則に該当することがわかるかと思います。絶対に支出することができないような不正な公金の支出であるとわかっていながら、**不法に手を染めて支出すること**がこれにあたります。

■民法

（不法原因給付）

第708条　不法な原因のために給付をした者は、その給付したものの返還を請求することができない。ただし、不法な原因が受益者についてのみ存したときは、この限りでない。

このような場合には、公務員個人としての責任が問われます。当然ながら、「今回だけは何とかなるだろう」と考えてはいけません。

▶▶公務員賠償責任保険を過信しない

「いざというときのために**公務員賠償責任保険**に入っているから、何か起きても問題ないだろう」と安心してしまって大丈夫でしょうか。私は、職場で公務員賠償責任保険について質問された際、必ず次のような助言をしています。

「あなたはその公務員賠償責任保険で保険金のお支払いを受けることができない**免責事項**を読んだことがありますか？　**不法と知りながら不法行為を行った職員には、保険金が支払われないこと**が記載されていませんか？」

私が、この助言を行ってきた職員の多くは、公務員賠償責任保険の免責事項まではよく確認していませんでした。用地交渉や補償交渉を担当する皆さんは、特に公務員賠償責任保険の免責事項をよく読んでおきましょう。おそらく、以下のような免責事項が記載されているはずです。

〈公務員賠償責任保険の免責事項の一例〉
(1)　被保険者の故意に起因する損害賠償請求
(2)　法令に違反することを被保険者が認識しながら行った行為に起因する損害賠償請求
(3)　他人に対する違法な利益の供与に起因する損害賠償請求

用地交渉や補償交渉を担当しない皆さんも、加入している公務員賠償責任保険の免責事項をよく読んで確認しておいてください。

そして、「クリーンハンズの原則」を絶対に忘れずに、法令遵守で行動するようにしましょう。

▶▶非常時を想定しておく

特にハードクレームへの対応については、通常のOJTで経験するとは限らず、また身近にいる職員からその経験を学べる環境にない場合もあります。しかし、ハードクレームは災害と同様に、**いつ何時、自分の身に襲いかかってくるかわかりません。**

そこで、職場に**ハードクレーム対応マニュアル**があれば目を通す、**ボイスレコーダーで録音できる電話**を使用する、**録画可能な部屋**で対応する、**課内のLINEグループを作成して常に連絡がとり合える状況にする**などの対策を検討しておきましょう。自治体や職場によって、採用できる対応方法には限りがあるものの、大切なことは、平常時だけでなく**非常時を想定**しておくことです。

そして、職場でハードクレームに関する話題が上がった際には、ぜひ耳を傾けて、経験者から具体的な対応を教わりましょう。また、周囲に経験者がいない場合や書籍で学びたい場合は、巻末の「参考文献・ブックガイド」に掲載した書籍で具体的な対応方法を学び、実践できるようにしておいてください。

▶▶あなたの行動が職場と職員を守る

ハードクレーマーは、一度でも隙を見せたら同じことを繰り返すばかりか、エスカレートしてさらなる要求を突き付けてきます。

このため、万が一、皆さんがハードクレームを受けるようになってしまったら、自分だけでなく職場や職員を守るために、責任のある行動をとらなければなりません。

「自分だけが知っていることなら大丈夫」とか、「今回に限って1回だけなら大丈夫」というような対応は、絶対に行わないでください。そのような誤った対応を行うと、それを行った職員が異動し、または退職した後にも職場や他の職員に大きな迷惑が掛かります。

▷▷顧問弁護士への相談に備える

公務に支障をきたす可能性が高いハードクレーム対応については、1人で悩みを抱え込まず、早めに上司や法規担当課に報告した上で、必要に応じて**顧問弁護士に相談**しましょう。

また、問題解決のために弁護士業務委託を行う場合には、上司や法規担当課と連携しながら、緊急の場合には予備費を使うことも視野に入れたり、万が一に備えて弁護士委託料を当初予算計上したりすることをお勧めします。

危険を予知し、各種の通信教育や勉強会等を通して、自ら法律を学んでおくことも重要です。いざというときには、顧問弁護士に相談することになりますが、何でも無限に相談できるわけではありません。このため、道路法や河川法はもとより、地方自治法や民法等の基本を学び、**法的な問題点や争いになるポイント**を自分で見つけられるようにしておくことがカギになります。これらの法令等の基本を学ぶ際には、**法令逐条解説、所管例規集、判例集、実務問答集、Q＆A集等**、業務の根拠となる法令解釈に関する書籍から効率よく学んでおくとよいでしょう。

▷▷日常業務の取組み姿勢で訓練を

日常業務の取組み姿勢も重要です。例えば、苦情を受けたら現地を確認し、自治体に維持管理面での瑕疵がないかどうか検証します。その際には、すぐに関係法令、条例、規則や計画を調べ、どのような対応をすべきか検討できるようにしておきましょう。

そして、いつ何時、ハードクレーマーの対応で業務に支障が生じるかわからない状況の中で、常に**複数の代替案**を準備して予算執行することも重要です。特に交渉や工事監理を担当する職員には、交渉がまとまらずに別件の用地交渉や補償交渉をしなければ予算執行に支障が生じてしまう場合や計画通りに工事が進捗しなくなってしまう場合等が考えられます。こうした想定外の対応をできるだけ想定しつつ、しっかりと**業務の進捗管理**を行うことが求められます。

6 4 ◎…事務職と技術職の「コミュニケーション」を図る

▷▷チームワークのために何をしていますか？

自治体職員にはさまざまな人事異動があり、転職に匹敵するほど仕事内容が変化する場合もあります。また、よく「自治体の仕事は、ゆりかごから墓場まで」といわれますが、土木担当の仕事は墓場まででは終わりません。新しく墓場を通過する道路の整備事業を担当すれば、墓場の用地取得や墓石の移転補償も仕事になります。そう考えると、土木担当の仕事は非常に幅広く、終わりがありません。

そして、土木担当は組織で仕事をしています。組織で仕事をしている以上、あらゆる職員の経験や能力を引き出す**チームワーク**が重要になります。では、職場のチームワークを最大限に引き出すため、どのようにして１人ひとりの特性や得意分野を把握したらよいでしょうか？　言葉でチームワークといっても、具体的な行動がなければ、ただの掛け声に終わってしまいます。そこで、私の実務ノウハウを紹介します。

▷▷職員の勤務経歴を把握する

私は、人事異動内示後、新たな部署への着任前に図表111の**職員勤務経歴一覧表**を作成し、その部署の全職員の勤務経歴を把握するようにしています。

この職員勤務経歴一覧表の作成は簡単です。人事異動内示が発表されたら、異動することとなった転出先の職員の過去の勤務経歴を調べます。本人から直接聞き取りをしたり、職場で共有されている職員名簿から、過去の所属部署と勤務年数を調べたりしてもよいでしょう。

例えば、図表111の流域治水課での例を解説します。新たな職場の職員が10人いるとすれば、10人分の勤務経歴一覧表が完成します。この資料を作成しておくと、土木担当の実務にとても役立ちます。土木担当の実務は、技術職、事務職を問わず、広い知識や経験が必要になるため、学び合える環境づくりが加速します。

各職員の勤務経歴を見ながら「矢島さんは、下水道課に在籍していたから、雨水幹線の管理について助言してもらおう」「佐藤さんは、建設課の経験があるので、排水路や都市下水路の実務について指導してもらおう」「中澤さんは、本課で唯一の土地改良課経験者だから農業用水路の管理について職場研修してもらおう」といった職員の知識や経験に応じた起用を発想することができます。

私の経験上、この職員勤務経歴一覧表を作成することは、各職員の特長を活かした強いチームワークづくりに役立ちます。また、緊急時の動員・応援に対応するための職員配置の検討にも役立っています。

図表111　職員勤務経歴一覧表（例）

流域治水課	氏名	R6所属係	R5	R4	～(略)	H24
課長	塚田 伸一	－	建設課 課長	開発課 課長	・・・	企画課 係長代理
係長	鈴木 伸也	計画係	固定資産税課 係長	固定資産税課 主査	・・・	高齢介護課 主任
主査	金子 孝男	計画係	下水道課 主査	下水道課 主査	・・・	－
係長	飯塚 朋美	対策係	都市政策課 係長	下水道課 係長	・・・	開発課 主査
主査	矢島 光一	対策係	下水道課 係長代理	下水道課 係長代理	・・・	開発課 主査
主査	柳 良規	対策係	建設課 主査	道路管理課 主査	・・・	－
係長	佐藤 隆	管理係	建設課 係長	建設課 係長	・・・	道路対策室 主査
主査	中澤 俊介	管理係	土地改良課 係長	土地改良課 係長代理	・・・	水道課 主査
主査	橋本 佳雄	管理係	建設課 主査	建設課 主査	・・・	－
主査	小林 将也	管理係	高齢介護課 主査	高齢介護課 主査	・・・	－

▶▶コミュニケーションに活用する

私は、企画調整課に６年在籍した後に土木課へ異動が決まった際、事務職のＡさんに言われたことを今でも覚えています。

「橋本君、君のような事務職が土木課に異動することは珍しい。大変だと思うけど、数年間の辛抱だから頑張ってほしい」

この助言にはＡさんの誤解があり、企画調整課に長年在籍した技術職の私を事務職だと勘違いしています。しかし、これこそ本音。事務職と技術職の仕事には、肌で感じる大きな違和感があるのでしょう。

そこで、ぜひ職員勤務経歴一覧表を活用して、職場の何気ないコミュニケーションの中で過去の体験談を聞いたり、自分の知らないことを教えてもらったりしましょう。また、**自己申告書**に異動希望先を書く際には、過去の経験に基づく情報を教えてもらうことにも活用できると思います。

管理職は、**人事評価面談**の際、部下からの**キャリア相談**に乗ったり、適切な助言をする際のバックデータに活用したりすることができます。管理職が部下のキャリアを把握し、過去の経験や将来の成長に興味を持っていることで、部下から信頼を得ることにもつながるでしょう。管理職が部下の勤務経歴やキャリア形成に興味を持っているかどうかは、**日常業務のコミュニケーション**を通して部下にも伝わるものです。

▶▶対応状況一覧表で経緯を残す

土木担当の仕事では、日常のコミュニケーションを通して**最新情報を共有しておくこと**も重要になります。対応した職員が不在であっても、他の職員が適切にフォローできるような状況がベストです。

また、土木担当の仕事は、当初の計画どおりに進捗する仕事ばかりではなく、悪天候等による計画の見直しが必要になることもあります。この見直しの際、遅れが生じた原因や将来的な問題を整理して、情報共有しておくことをお勧めします。

その方法として、私は部署内の共有フォルダに図表112の**対応状況一**

覧表のエクセルデータを保存しています。

このエクセルデータは、**市長、市議会議員、県議会議員、地権者等のワークシート**に分かれており、指示、依頼、回答についての対応状況を時系列で記録しています。

これを共有フォルダに保存しておくことで、私が不在であっても、他の職員が**過去の対応状況**を把握できます。また、至急対応しなければならない軽易な内容であれば、その場で回答することもできるでしょう。このように、常に自分以外の職員に対してもチームワーク向上を意識して仕事をすることが重要です。

この対応状況一覧表は、**人事異動**が決まってから転任する際にも非常に便利です。自分が引き継いだ後任者は、この対応状況一覧表を見れば継続案件の経緯をほぼ理解できます。**引継書**には書ききれない過去の経緯も一目で理解できるため、自分が転出後に後任者から問合せを受けなくてすむという、**自分自身のタイムマネジメント**にも余裕が生まれることになります。

図表112　対応状況一覧表（例）

令和６年度　流域治水課　地権者対応状況一覧表

年月日	面会者	要件	市回答
R6.5.17	Xさん	○○町地先の水路に堆積している土砂の撤去をお願いします。	現地の状況を確認しました。今月中に対応できるよう専門の業者に手配済です。
R6.6.3	Yさん	△△川の防護柵周囲の樹木伐採をお願いします。	現地の状況を確認の上、対応を検討します。
R6.7.22	Zさん	□□川の堤防の除草をお願いします。	□□川の河川管理者である県に情報をお伝えします。

これら以外にもチームワークを向上させる方法があるかと思いますので、皆さんも職場で実践してみてください。

6 5 ◎…議会対応も安心できる「資料準備」のコツ

▷▷課長が急病で倒れたら…

私は、これまでに５つの部署の課長を経験してきました。課長にとって**議会対応**は非常に重要な仕事ですが、このノウハウは特に引継ぎが難しく、多くの場合、自ら試行錯誤しながら身につけることになります。

ある日、私が９月議会の決算特別委員会を終えて自席に戻ってきたとき、大きな気づきを得る出来事が起こりました。昼食直前に突然、私の体調が急変し、頭痛や発熱に襲われたのです。その後、休暇をとり病院で診察を受けた結果、なんと新型コロナウイルスに罹患していました。

私は「とにかく決算特別委員会の終了後でよかった」と思うと同時に「もしも１日早く罹患していたら、係長が急に対応しなければならず、どれだけ職場に迷惑かけたことか……」と大きな不安を覚えました。

▷▷早めに係長と情報共有する

議会対応のうち決算特別委員会等の委員会は、課長が対応するのが基本です。しかし、課長が病気や事故等により不在となった場合には、課長の職務を代理する係長が対応しなければなりません。

私はこの経験を踏まえて、９月の決算特別委員会の１週間前までには、係長に職場研修を実施しています。まず、私が議会中に感染症に罹患したことを伝えた上で、あらかじめ準備した議会対応の資料データ一式を送信します。突然の課長不在を危険予知する職場研修を行うことで、係長は「明日は我が身」の当事者意識を持つことができ、私にとっても議会対応ノウハウを引き継ぐことができる貴重な機会になっています。

▶▶議会対応の職場研修の要旨

決算特別委員会は、課長がその場で答弁しなければならず、当日だけでなく準備に**大きなストレス**を感じることも少なくありません。しかし、そのストレスに耐えられず、**心身の健康**を害してしまったら本末転倒です。どんなに多くても、数回の答弁しかありません。

ここで重要なことは、**完璧を目指さないことです。どんな答弁も完璧はありません。答弁の準備にも終わりはありません。**

では、実際の答弁や答弁の準備では、何を最重視すればよいのでしょうか。それは、**住民、議員、市長、市幹部の視点から、ある程度納得のいく内容であれば十分であると割り切る**のです。聞かれたことにだけ答弁するよう集中し、**必要以上に細かく答弁してはなりません。**

土木担当の管理職としては、以下の6点を準備できれば、もう何も言うことはありません。これらの準備を行うことで、かなりの理解が深まるはずです。また、準備していなかった内容の答弁については、**「およそ○○程度と認識しております」という答弁で十分**です。もし間違っていたとしても、それは認識違いであったと説明できるからです。

決算書や執行報告書に所定の内容（前年度の金額や内訳等）を追記した上で、以下の6点の資料をお守りにして、安心して臨みましょう。そして質問には決して慌てずに、少し待たせてもよいつもりで**ゆっくりと答弁**しましょう。決算特別委員会の日が近づいてきたら、「絶対に大丈夫」そう自分に毎日言い聞かせて、当日に臨みましょう。

なお、**突然の災害対応等**で議会準備ができなくなることもあります。準備には時間の余裕を見込み、早めの準備を心掛けましょう。

また、(1)から(6)の順で不可欠な資料になります。作成順を間違えると手戻りになるので、不可欠な資料から順番に準備を進めましょう。

(1) 全体を把握して理解できる！　決算額一覧表

まずは、決算書に沿って、**3か年分の決算額**を一覧表にまとめます。仮決算の資料が完成したら、着々と準備を進めて、決算書の完成時に修正する段取りがベストです。この資料は、全ての資料の基本となりますので、誤りがないよう早めに作成してしまいましょう。また、この資料に基づき、前年度の決算額と比較して、**新規、廃止、大幅な増減の決算額**に着目して下調べします。6月末までに準備しましょう。

⑵　あっさりと大くくりに答弁できる！　事業概要と増減理由

決算書に沿って、**事業概要と増減理由**を簡潔にまとめます。決算書からの質問を想定して、わかりやすい答弁内容を作成しておきます。この資料作成のコツは、質問されて答弁する可能性が非常に高い内容のため、**そのまま答弁できる言葉**として、**簡潔明瞭**にまとめることです。7月末までに準備できれば理想です。決算特別委員会の3日前から毎日読んで、イメージしておくとよいでしょう。

⑶　要点を絞って答弁できる！　新規、大幅増減の詳細

決算書、執行報告書に沿って、**新規と大幅増減の詳細**を簡潔にまとめます。増減理由も併記します。決算書や執行報告書からの質問を想定して、簡潔な答弁内容を作成しておきます。予算に対する執行が少なく、不用額が大きくなっている事業についても、その理由を整理しておきましょう。これも7月末までに準備し、決算特別委員会の3日前から毎日読んで、イメージしておくとベストです。

⑷　いざというときだけ答弁できる！　台帳と図面

決算書、執行報告書に沿って、委託や工事等の**台帳と図面**を整理しておきます。台帳には、件名、履行場所、主な数量、契約日、履行期間、受注業者、設計金額、発注金額、入札業者数、変更理由等を一覧表に整理しておくと心強い資料になります。図面は、細かい質問に及んだときだけ見るもので、インデックス等で見つけやすくしておきます。前月の8月末までに準備できるとよいでしょう。

⑸　想定どおりの質問に答弁できる！　想定答弁集

事業進捗率等は、毎年の時点修正値を知るために質問されることが多い内容です。ぜひ過去の答弁書を整理した上で、**同様の質問をされた場**

合の想定答弁集を準備するようにしましょう。そうすることで、過去と同様の質問があった場合にサラリと答弁ができるようになります。8月末までに準備しましょう。

⑹　5W3Hで読み返す！　ペラ１

各事業について、**いつ、どこで、誰が、何を、なぜ、どのように、どれほど、いくら等**の事項を整理した一覧表を１枚にまとめて作成しておきます。これを「ペラ１」と呼んでいますが、時間がある時に見直して概ね暗記しておけば、自信を持って決算特別委員会に臨むことができます。8月末までに修正・加筆して準備しておきましょう。

またペラ１は、各事業の全体像を１枚で把握できるため、人事異動の際に後任者へ引き継ぐと非常に喜ばれる資料になります。

▶▶自分なりの準備方法を模索する

私はこれまで議会対応について、前任者の準備資料を踏襲したり、多くの課長からノウハウを教わったりしてきました。もちろん、所属する部署や課長によって準備する資料は異なりましたが、大別すると上記6点の資料が作成されていました。注意点としては、課長の実務経験年数、考え方、資料の好みによって、作成していた資料やその比重も変わっていたということです。

このため、これら6点の資料は、**多くの課長が準備している基本的な種類**と捉えた上で、皆さんの部署では、どのような資料の準備が必要になるのか、仕事の内容や新規事業の有無等を踏まえて検討しておくとよいでしょう。私自身も、経験した5課長それぞれの議会対応において、これら6点の資料を全て同じ比重で準備してきたわけではありません。また、私よりも実務経験の長い課長であれば、⑴から⑶までの資料だけで十分対応できるという人もいるかと思います。

大切なことは、**自分なりの準備方法を模索すること**。自分が議会対応でベストを尽くせるような準備はどうあるべきか、日常業務の中でシミュレーションしておくことが重要です。

6 ◎…「想像力」を駆使して災害に備える

▶▶何気ない現場でも死を意識する

私を含めて自治体の職員は、災害時にも住民の安全を守ることが重要です。しかし、私自身が死んでしまったら、もう私が住民の安全を守ることはできません。そのことを痛感した一例を紹介します。

私は今でも、たまに夜中に嫌な夢を見ることがあります。決して忘れられない令和元年10月12日深夜の台風19号の災害対応。夜を徹して、部下と一緒に豪雨の中で道路や河川等の点検を行っていたときのことでした。雨や風の音が、「ゴー、ゴー、ゴー」と鳴り響き、一緒にずぶ濡れになりながら点検していた部下の声もよく聞き取れません。そんな中で、私と部下が水門の確認のため、水門近くに立ち入ったその瞬間でした。

「うわぁ、危ない！！」

部下が足を滑らせて、危うく水かさの増した激流に落ちそうになったのです。とっさに部下をつかまえて、転倒せずにその場を離れましたが、サーッと血の気が引いたことを覚えています。

この経験から皆さんにお伝えしたいのは、**何気ない現場にも死の恐怖が潜んでいる**ということです。しかも、災害対応ともなれば、平常時と比較にならないほど危険性が増すのです。

▶▶平常時から危険を予測する

いつ何時、発生するかわからない災害対応に備えて、私たちがいつでも適切な対応ができるようにするにはどうしたらよいでしょうか。

それは、災害が発生してから慌てることのないように準備しておくことです。**地域防災計画、総合防災マップ、水防計画、業務継続計画等**に目を通して、関係する部分に付箋やマーカーをしておきましょう。災害発生後には、ゆっくりと資料を読む時間的な余裕はないため、所管事務に関係する部分を見つけやすいようにしておくことが重要です。

また、皆さんが外出した際には、管理している道路や河川の**危険箇所**を確認するとともに、異常な箇所がないかどうかの把握に努めましょう。また、異常が見られる場合には、早めの修繕等を検討しましょう。

そして、**最新情報**をリアルタイムで得られるようにアンテナを張っておくことも重要です。図表113の**ウェブサイトやアプリ等**を活用することで、ゲリラ豪雨や台風進路等を予測できます。雨雲レーダー、注意報や警報等の情報を駆使して、各種の対応を予想しておきましょう。

図表113　災害に役立つ情報のウェブサイト、アプリの一例

街の防災情報

種類	検索しよう	確認したい災害情報等
ウェブサイト	街の防災情報	気象庁ウェブサイト（あなたの街の防災情報） 防災、天気、気象観測、海洋、地震・津波、火山など、圧倒的な情報量で防災情報を提供しています。災害発生の危険度の高まりを地図上で確認できる「キキクル」も確認することができます。
	川の防災情報	国土交通省ウェブサイト（川の防災情報） 台風災害が予測された場合に必見のウェブサイト。川の水位の状況に基づく洪水予報等をリアルタイムで確認することができます。
アプリ	NHK ニュース・防災	天気予報、雨雲データマップ、全国の災害情報を確認できます。
	tenki.jp	雨雲レーダー、天気予報や防災情報を確認できます。
	ウェザーニュース	雨雲、落雷、台風、河川、熱中症などの危険情報を確認できます。
	yahoo! 防災速報	防災情報通知機能など、早めの行動をとるための機能があります。

▶▶災害対応の教訓を残す

災害には、地震や津波による被害、火山災害、土砂災害、気象災害等、さまざまな種類があります。そして、これらが単独ではなく、複合的に発生する場合もあります。

こうした災害対応を経験した場合には、ぜひその**教訓を残す**ようにしましょう。定型的な業務とは異なり、不測の事態に対応した経験は、その人でなければ教訓を残すことができません。

どんな些細なことでも、どんな様式でもよいので、忘れないうちに残しておくことが重要です。例えば、災害対応時にどんなことで困り、悩んだのか。そして、どのように解決し、現時点ではどう評価（反省）しているのか。そのようなことだけでも整理しておくと、将来の災害対応にとても役立ちます。

災害は、個々に規模や被害が異なるため、教訓を残したからといってその教訓どおりの一律の対応でよいということにはなりません。しかし、教訓を残すことで、ある程度共通した心構えを持つことができます。また、その教訓を自分に代わって避難所運営等にあたる同僚や後任に伝えることで、とても感謝されるだけでなく、円滑な対応に結びつくこともあるのです。

私は今、皆さんが災害対応で命を落とすことがないことを願いながら、私の実体験を教訓として記しています。災害対応の教訓は、不測の事態であればあるほど残す価値があります。皆さんの教訓が、**誰かの命を救う**ことになるかもしれません。そのような気持ちで、ぜひ災害対応の教訓を残すようにしてください。

参考文献・ブックガイド

【土木全般】

○土木出版企画委員会編『新版　図説土木用語辞典』（実教出版）
　→土木の基本用語を豊富な図表で解説している初心者向けの書籍です

○「土木施工の実際と解説」編集委員会編著『改訂７版　土木施工の実際と解説　上巻・下巻』（建設物価調査会）
　→土木全般の多数の工種について、写真や図を用いて解説しています

○「橋梁補修の解説と積算」編集委員会編著『改訂２版　橋梁補修の解説と積算』（建設物価調査会）
　→橋梁補修の多数の工種について、写真や図を用いて解説しています

○橋本隆著『これだけは知っておきたい！　技術系公務員の教科書』（学陽書房）
　→技術系公務員の心構え、仕事術、思考法等を理解できる書籍です

○橋本隆著『自治体の都市計画担当になったら読む本』（学陽書房）
　→都市計画担当の実務ノウハウを基本から理解できる書籍です

【道路管理】

○道路法令研究会編著『改訂６版　道路法解説』（大成出版社）
　→道路法を解説している書籍の中でもバイブルといえる書籍です

○グループ MICHI 編集『いちからわかる　道路管理事務のキホン』（ぎょうせい）
　→道路管理の基本を押さえることができる読みやすい書籍です

○日本道路協会編集『道路構造令の解説と運用（改訂版）』（丸善出版）
　→道路構造条例を理解する上で、丁寧な解説が役立ちます

○日本道路協会編集『舗装設計便覧』（丸善出版）
　→道路の舗装構成等を検討する際に手元に置きたい書籍です

○道路法令研究会編集『第５次改訂　道路管理の手引』（ぎょうせい）
　→道路法や道路管理者の実務の要点を押さえることができます

【河川管理】

○河川法研究会編著『改訂３版　［逐条解説］河川法解説』（大成出版社）
　→河川法を解説している書籍の中でもバイブルといえる書籍です

○河川法令研究会編著『よくわかる河川法　第３次改訂版』（ぎょうせい）
　→河川法の条文を丁寧に解説しており、初心者にやさしい書籍です

○国土交通省河川局監修・社団法人日本河川協会編『国土交通省河川砂防技術基準　同解説　計画編』（技報堂出版）
　→河川技術者の実務の教科書といえる書籍です

○国土技術研究センター編『改定　解説・河川管理施設等構造令』（技報堂出版）
　→豊富な図表や写真で河川管理施設等構造令を丁寧に解説しています

○河川管理技術研究会編『改訂　解説・工作物設置許可基準』（国土技術研究センター）
　→河川法 26 条（工作物の新築等の許可）の許可基準を解説しています

○国土交通省河川局河川環境課・治水課監修『平成 19 年版　準用河川改修の手引――市町村における河川改修の必携――』（建設広報協議会）

→市町村による準用河川改修等の実務について解説しています
○ぎょうせい編集『長狭物維持･管理の手引　自治体による旧法定外公共物の運営』（ぎょうせい）
→法定外公共物の実務をQ&A形式で解説している必携の書籍です
○特定都市河川浸水被害対策法研究会編著、藤川眞行・松原英憲補訂『全訂逐条　特定都市河川浸水被害対策法解説』（大成出版社）
→特定都市河川浸水被害対策法を詳しく解説している書籍です
○多自然川づくり研究会著『多自然川づくりポイントブックⅢ「中小河川に関する河道計画の技術基準」の解説』（日本河川協会）
→市町村が管理する中小河川の多自然川づくりのポイントを学べます
○瀧健太郎監修『流域治水って何だろう？　人と自然の力で気候変動に対応しよう』（PHP研究所）
→流域治水を豊富な写真と図表でわかりやすく解説しています

【下水道管理】
○下水道法令研究会編著『逐条解説　下水道法　第5次改訂版』（ぎょうせい）
→下水道法を学ぶ書として必携の逐条解説です
○藤川眞行・福田健一郎著『いちからわかる下水道事業の実務――法律・経営・管理のすべて――』（ぎょうせい）
→初心者がまず下水道事業の概要を学ぶ書籍として最適です

【用地・補償】
○藤川眞行著『新版　公共用地取得･補償の実務――基本から実践まで――』（ぎょうせい）
→補償交渉の担当者が最初に学ぶ基本書として最適です
○補償実務研究会編集『用地補償ハンドブック 第6次改訂版』（ぎょうせい）
→補償交渉の担当者が補償基準や判例を学ぶことができる良書です

【法制執務・法律相談】
○石毛正純著『法制執務詳解　新版Ⅲ』（ぎょうせい）
→条例や規則を制定・改正する際に必ず役立つ必携の書籍です
○横山雅文著『事例でわかる　自治体のための組織で取り組むハードクレーム対応』（第一法規）
→ハードクレーム対応や弁護士相談についてわかりやすく解説しています
○横山雅文著『事例でわかる　自治体のための組織で取り組む　続　ハードクレーム対応』（第一法規）
→職員のメンタルヘルス防衛策や組織的対応について解説しています

【議会対応】
○森下寿著『公務員の議会答弁言いかえフレーズ』（学陽書房）
→議会答弁書は、まずこの書籍を読んでから作成したいです
○森下寿著『どんな場面も切り抜ける！　公務員の議会答弁術』（学陽書房）
→議会答弁に際して、知っておくと心強い内容ばかりです

おわりに

自治体の土木担当は、国や都道府県の事業規模と比べると小規模な社会資本の整備・管理を担っています。小規模であるがゆえに現場は多く、多種多様な対応が求められることから、幅広く実務に精通するには多くの時間を要します。このため、皆さんが土木担当になってから得た数々の知識や経験は、目に見えない貴重な財産になっているといえます。これらの財産を後輩に伝え、経験をシェアしていただくことによって、土木担当の職場がより魅力的なものになっていくでしょう。

土木担当の実務は、多様な人々と協働しながら社会資本を整備・管理することで、快適で安全な都市を実現することができる大きな達成感に満ちています。そして、その都市の魅力は、全国の他の都市にも波及し、後世にも引き継がれていきます。全国の土木担当の皆さんの努力と成果が、他の自治体の土木担当の新たな励みにもなるのです。

そんな想いを持つ私も、土木担当の１人として皆さんのお役に立てないかと考えながら本書を執筆しました。本書が、現場の最前線で活躍している皆さんの「実務の味方」になることができたら望外の喜びです。

本書の企画からずっと二人三脚で歩んでいただいた株式会社学陽書房の村上広大さんに心から感謝します。また、伊勢崎市職員の皆さん、職員自主研究グループの仲間、お世話になっている全国の公務員の皆さん、いせさき街並み研究会の皆さん、私に土木を御教授いただいた前橋工科大学の湯沢昭名誉教授、森田哲夫教授、小林享名誉教授、元帝京大学の大下茂先生に心から感謝します。

最後に、最愛の妻と家族にお礼を言いたい。読書が好きで、私の原稿にも目を通して感想を教えてくれる妻、外国に興味がある好奇心旺盛な長女、部活と動物が大好きで面倒見のよい二女、今の私があるのはみんなのおかげです。そして、いつも応援してくれる前橋と安中の家族にも心から感謝しています。いつも私を支えてくれて本当にありがとう。

令和７年３月

橋本　隆

●著者紹介

橋本　隆（はしもと・たかし）

群馬県伊勢崎市建設部治水課長
1972年生まれ。9年間勤務した建設会社を退職後、2003年伊勢崎市入庁。群馬県県土整備部都市計画課（派遣）、企画調整課、区画整理課長、都市計画課長、都市開発課長、土木課長等を経て、現職。
総合計画、都市計画マスタープラン、景観計画の策定のほか、県内市町村初の景観行政団体、世界遺産登録の実務を経験。
博士（工学）、技術士（建設部門）、一級土木施工管理技士。「地方公務員が本当にすごい！と思う地方公務員アワード2022」受賞。
職員自主研究グループ「人財育成研究会」代表。市民団体「いせさき街並み研究会」の活動で、まちづくり功労者国土交通大臣表彰（2016年）、群馬県まちづくり功労者表彰（2015年）、いせさき元気大賞（2017年）等を受賞。
主な著書は、『自治体の都市計画担当になったら読む本』『これだけは知っておきたい！技術系公務員の教科書』（ともに学陽書房）、『群馬から発信する交通・まちづくり』（共著、上毛新聞社）。

自治体の土木担当になったら読む本

2025年4月14日　初版発行
2025年6月4日　2刷発行

著　者　橋本 隆（はしもと たかし）
発行者　光行 明
発行所　学陽書房
〒102-0072　東京都千代田区飯田橋1-9-3
営業部／電話　03-3261-1111　FAX　03-5211-3300
編集部／電話　03-3261-1112
https://www.gakuyo.co.jp/

ブックデザイン／佐藤　博　　DTP 製作・印刷／精文堂印刷
製本／東京美術紙工

ISBN 978-4-313-16194-8 C2036